中3数学 ぐーんっとやさしく

◆登場キャラクター◆

増太郎
算術の里で算術上忍になるため，修行にはげむ。

数々丸
増太郎の友達。食いしんぼう。

数魔小太郎
増太郎たちの師匠。算術の里に古くから住む。

→ここから読もう！

ここは人里はなれた算術の里──
2年の修行もおわって，もう算術上忍だよね～。

何じゃ!? その体たらくは!!
ハラもこんなになりおって！
見てみんかい!!

※算術上忍…数学をマスターした忍者の最高ランク。

このままでは算術の里はおしまいじゃ…
そこまで？
よし，次は世界各地をめぐって鍛え直すぞ！
善は急げじゃ！
まって～，あと1個食べてから…

もくじ

1章 多項式

2章 平方根

3章 2次方程式

4章 関数 $y=ax^2$

5章 相似な図形

6章 円

7章 三平方の定理

8章 標本調査

本書の使い方

授業と一緒に…

テスト前の学習や，授業の復習として使おう!

入試対策の前に…

中学３年の復習に。苦手な部分をこれで解消!!

左の まとめページ と，右の 問題ページ で構成されています。

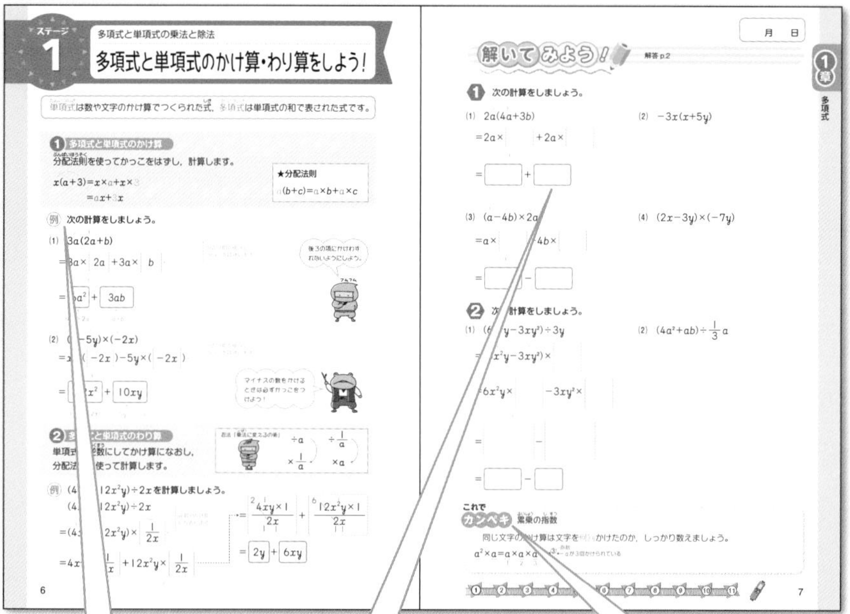
ステージ 1
多項式と単項式の乗法と除法
多項式と単項式のかけ算・わり算をしよう!
単項式は数や文字のかけ算でつくられた式，多項式は単項式の和で表された式です。
1 多項式と単項式のかけ算
分配法則を使ってかっこをはずし，計算します。
★分配法則
例 次の計算をしましょう。
2 多項式と単項式のわり算
解いてみよう!
解答 p.2
1 次の計算をしましょう。
(1) $2a(4a+3b)$
(2) $-3x(x+5y)$
(3) $(a-4b)\times 2a$
(4) $(2x-3y)\times(-7y)$
2 次の計算をしましょう。
(2) $(4a^2+ab)\div\frac{1}{3}a$
これでカンペキ 累乗の指数
同じ文字のかけ算は文字をいくつかけたのか，しっかり数えましょう。
6
7

例
この単元の問題の解き方を確認しよう。

解いてみよう!
まずは穴うめで確認してから，自分の力で解いてみよう。

これでカンペキ
疑問に思いやすいことや覚えておくと役立つことをのせているよ。

確認テスト

章の区切りごとに「確認テスト」があります。
テスト形式なので，学習したことが身についたかチェックできます。

章末「数魔小太郎（すうまこたろう）からの挑戦状（ちょうせんじょう）」

ちょっと難しい問題をのせました。
最後の確認にピッタリ!

別冊解答

解答は本冊の縮小版になっています。

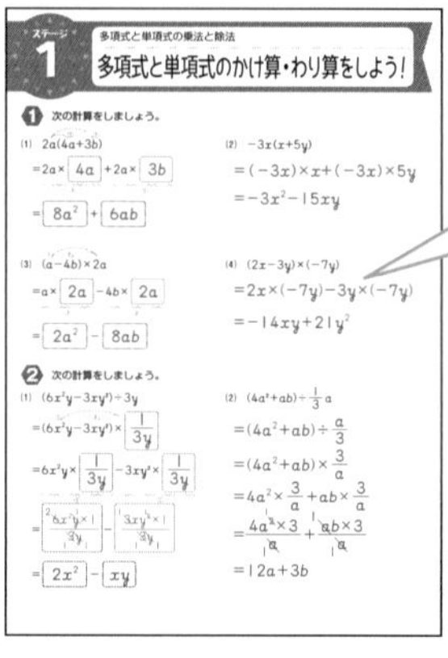
ステージ 1
多項式と単項式の乗法と除法
多項式と単項式のかけ算・わり算をしよう!
1 次の計算をしましょう。
(1) $2a(4a+3b)$
$=2a\times 4a+2a\times 3b$
$=8a^2+6ab$
(2) $-3x(x+5y)$
$=(-3x)\times x+(-3x)\times 5y$
$=-3x^2-15xy$
(3) $(a-4b)\times 2a$
$=a\times 2a-4b\times 2a$
$=2a^2-8ab$
(4) $(2x-3y)\times(-7y)$
$=2x\times(-7y)-3y\times(-7y)$
$=-14xy+21y^2$
2 次の計算をしましょう。
(1) $(6x^2y-3xy^2)\div 3y$
$=2x^2-xy$
(2) $(4a^2+ab)\div\frac{1}{3}a$
$=(4a^2+ab)\div\frac{a}{3}$
$=(4a^2+ab)\times\frac{3}{a}$
$=12a+3b$

赤字で解説を入れているよ。

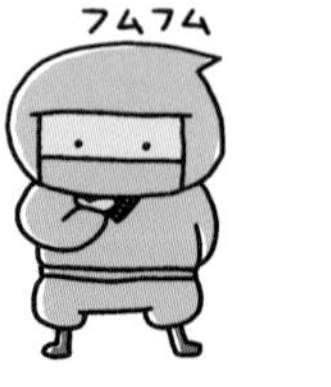

1章 多項式

はじめの修業の場は「多項式の火山」。

算術の里を飛び出し世界で修行することになった増太郎。

ここでは，展開公式，因数分解の公式と，新たな公式が盛りだくさん。すべてを使いこなしてみせるんだ！

まずはここで修行して「多項式の巻」を手に入れろ。

がんばれ増太郎！

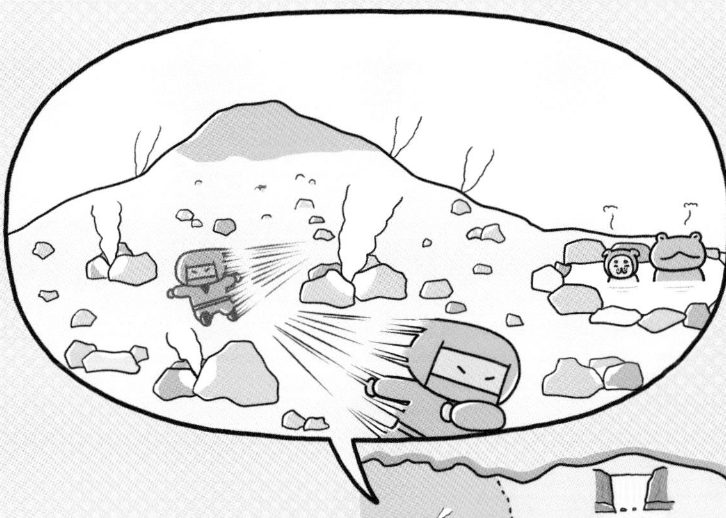

ステージ 1

多項式と単項式の乗法と除法

多項式と単項式のかけ算・わり算をしよう！

単項式（たんこうしき）は数や文字のかけ算でつくられた式（しき），多項式（たこうしき）は単項式の和で表された式です。

1 多項式と単項式のかけ算

分配法則（ぶんぱいほうそく）を使ってかっこをはずし，計算します。

$x(a+3)=x\times a+x\times 3$

$=ax+3x$

★分配法則

$a(b+c)=a\times b+a\times c$

例 次の計算をしましょう。

(1) $3a(2a+b)$

$=3a\times \boxed{2a}+3a\times \boxed{b}$ （分配法則を使ってかっこをはずします）

$=\boxed{6a^2}+\boxed{3ab}$

①$3a\times 2a$　②$3a\times b$

後ろの項にかけわすれないようにしよう。

(2) $(x-5y)\times(-2x)$

$=x\times(\boxed{-2x})-5y\times(\boxed{-2x})$ （分配法則を使ってかっこをはずします）

$=\boxed{-2x^2}+\boxed{10xy}$

①$x\times(-2x)$　②$-5y\times(-2x)$

マイナスの数をかけるときは必ずかっこをつけよう！

2 多項式と単項式のわり算

単項式を逆数（ぎゃくすう）にしてかけ算になおし，分配法則を使って計算します。

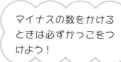

忍法「乗法（じょうほう）に変えるの術」

$\div a \rightarrow \times\frac{1}{a}$　　$\div\frac{1}{a} \rightarrow \times a$

例 $(4xy+12x^2y)\div 2x$を計算しましょう。

$(4xy+12x^2y)\div 2x$

$=(4xy+12x^2y)\times\boxed{\frac{1}{2x}}$ （逆数のかけ算になおします）

$=4xy\times\boxed{\frac{1}{2x}}+12x^2y\times\boxed{\frac{1}{2x}}$

$=\boxed{\frac{\overset{2}{\cancel{4}}\cancel{x}y\times 1}{\cancel{2}\cancel{x}}}+\boxed{\frac{\overset{6}{\cancel{12}}x^{\cancel{2}}y\times 1}{\cancel{2}\cancel{x}}}$

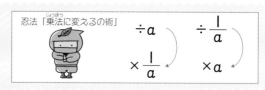

$=\boxed{2y}+\boxed{6xy}$

解いてみよう！

解答 p.2

1 次の計算をしましょう。

(1) $2a(4a+3b)$

$=2a\times\square+2a\times\square$

$=\square+\square$

(2) $-3x(x+5y)$

(3) $(a-4b)\times 2a$

$=a\times\square-4b\times\square$

$=\square-\square$

(4) $(2x-3y)\times(-7y)$

2 次の計算をしましょう。

(1) $(6x^2y-3xy^2)\div 3y$

$=(6x^2y-3xy^2)\times\square$

$=6x^2y\times\square-3xy^2\times\square$

$=\square-\square$

$=\square-\square$

(2) $(4a^2+ab)\div\frac{1}{3}a$

これでカンペキ 累乗(るいじょう)の指数(しすう)

同じ文字のかけ算は文字を何回かけたのか，しっかり数えましょう。

$a^2\times a=a\times a\times a=a^3$ ←指数 ←aが3回かけられている

ステージ 2

多項式の乗法

多項式どうしのかけ算をしよう！

単項式(たんこうしき)や多項式(たこうしき)のかけ算の形の式を，かっこをはずして単項式の和の形に表すことを，はじめの式を展開(てんかい)するといいます。

① 分配法則の利用

$(a+b)(c+d)$ の計算は，$c+d=M$ とおきかえてから，分配法則を利用します。

例　$c+d=M$ とおきかえて，次の式を展開しましょう。

$(a+b)(c+d)$

$=(a+b)\boxed{M}$　← $c+d=M$ とおきます

$=a\times\boxed{M}+b\times\boxed{M}$　← 分配法則を使ってかっこをはずします

$=a\boxed{(c+d)}+b\boxed{(c+d)}$　← M を $(c+d)$ にもどします

$=\boxed{ac}+\boxed{ad}+\boxed{bc}+\boxed{bd}$　← 分配法則を使ってそれぞれのかっこをはずします

（$a\times c$，$a\times d$，$b\times c$，$b\times d$）

c+dを1つのものとして考えてみよう！

② 式の展開

$(a+b)(c+d)$ は右のような組み合わせの積の和をつくって，計算することもできます。

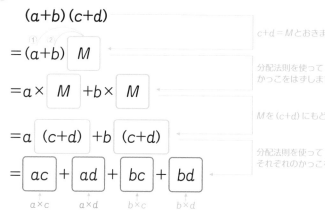

$(a+b)(c+d)$
↓ 展開
$ac+ad+bc+bd$

例　次の式を展開しましょう。

(1) $(x+2)(y+3)=\boxed{x}\times y+\boxed{x}\times 3+\boxed{2}\times y+\boxed{2}\times 3$

$=\boxed{xy}+\boxed{3x}+\boxed{2y}+\boxed{6}$

(2) $(x+4)(x+6)=\boxed{x}\times x+\boxed{x}\times 6+\boxed{4}\times x+\boxed{4}\times 6$

$=\boxed{x^2}+\boxed{6x}+\boxed{4x}+\boxed{24}$　← x の同類項をまとめます

$=\boxed{x^2}+\boxed{10x}+\boxed{24}$

（$6x+4x$　x の項をまとめます）

解いてみよう！

解答 p.2

1 $y+4=M$とおきかえて，次の式を展開しましょう。

$(x+3)(y+4)$

$=(x+3)M$ ←$y+4=M$とおきます

$=x\times\square+3\times\square$

$=x\square+3\square$

$=\square+\square+\square+\square$

2 次の式を展開しましょう。

(1) $(x+5)(x-2)$

$=\square\times x-\square\times 2+\square\times x-\square\times 2$

$=\square-\square+\square-\square$

$=\square+\square-\square$

(2) $(x-7)(x-3)$

(3) $(x+3y)(4x+y)$

$=\square\times 4x+\square\times y+\square\times 4x+\square\times y$

$=\square+\square+\square+\square$

$=\square+\square+\square$

(4) $(2x-y)(3x-6y)$

これで**カンペキ** 同類項？同じ文字でも指数に注意！

xとx^2やyとy^2，abとa^2bまたはab^2は同じ文字をそれぞれふくんでいますが，同類項ではありません。

同じ文字でも文字の指数（次数）に気をつけましょう。

x →文字が1個
$x^2=x\times x$ →文字が2個
x^2+x はまとめられない！

ステージ 3

乗法公式①

$(x+a)(x+b)$を展開しよう!

$(x+a)(x+b)$を展開すると，xの係数(けいすう)はaとbの和となり，数の項(こう)はaとbの積となります。

1 乗法公式

$(x+a)(x+b)$の展開は，次の公式を利用します。

$$(x+a)(x+b)=x^2+bx+ax+ab=x^2+\underbrace{(a+b)}_{\text{和}}x+\underbrace{ab}_{\text{積}}$$

例 次の式を展開しましょう。

(1) $(x+\underset{a}{2})(x+\underset{b}{6})$

$=x^2+(\underbrace{2+6}_{①和(a+b)})x+\underbrace{2\times6}_{②積(a\times b)}$

$=x^2+\underset{①}{8}x+\underset{②}{12}$

★$a=2$，$b=6$
xの係数は和
数の項は積

(2) $(x-2)(x+6)$

$=\{x+(\underset{a}{-2})\}(x+\underset{b}{6})$

$=x^2+\{\underbrace{(-2)+6}_{①和}\}x+\underbrace{(-2)\times6}_{②積}$

$=x^2+\underset{①(-2)+6}{4}x-\underset{②(-2)\times6}{12}$

$a=-2$，$b=6$となるので
+，−の計算に気をつけるのじゃ！

(3) $(x-2)(x-6)$

$=\{x+(\underset{a}{-2})\}\{x+(\underset{b}{-6})\}$

$=x^2+\{\underbrace{(-2)+(-6)}_{①和}\}x+\underbrace{(-2)\times(-6)}_{②積}$

$=x^2\underset{①(-2)+(-6)}{-8}x+\underset{②(-2)\times(-6)}{12}$

解いてみよう！

解答 p.2

1 次の式を展開しましょう。

(1) $(x+2)(x+3)$

$=x^2+(\square+\square)x+\square\times\square$ （和）（積）

$=x^2+\square x+\square$

(2) $(x+5)(x+3)$

(3) $(x+6)(x-4)$

$=x^2+\{\square+(\square)\}x+\square\times(\square)$ （和）（積）

$=x^2+\square x-\square$

(4) $(x+2)(x-9)$

(5) $(x-1)(x-2)$

$=x^2+\{(\square)+(\square)\}x+(\square)\times(\square)$ （和）（積）

$=x^2-\square x+\square$

(6) $(x-3)(x-1)$

これでカンペキ 同符号，異符号の２つの式のかけ算で符号はどうなる？

同じ符号なら＋　　ちがう符号ならー　　となります。

(＋)×(＋)＝(＋)　　(＋)×(－)＝(－)

(－)×(－)＝(＋)　　(－)×(＋)＝(－)

ステージ 4

乗法公式②

$(x+a)^2$, $(x-a)^2$ を展開しよう!

$(x+a)^2$, $(x-a)^2$ をそれぞれ展開すると，x と a のそれぞれの２乗の項(こう)と，$2\times a\times x$ の項の和や差になります。

1 和と差の平方

$(x+a)^2$ や $(x-a)^2$ の展開は，次の公式を利用します。

2をかけることをわすれずに公式にあてはめよう！

$$(x+a)^2=(x+a)(x+a)$$
$$=x^2+ax+ax+a^2$$
$$=x^2+2ax+a^2$$

$$(x-a)^2=(x-a)(x-a)$$
$$=x^2-ax-ax+a^2$$
$$=x^2-2ax+a^2$$

例 次の式を展開しましょう。

(1) $(x+\underset{a}{2})^2$

公式を使って展開します $x^2+2ax+a^2$

$=x^2+\boxed{2}\times\boxed{2}\times\boxed{x}+\boxed{2}^2$ （$+2ax$, a^2）

$=\boxed{x^2}+\boxed{4x}+\boxed{4}$

★展開後の符号(ふごう)
$(x+a)^2$
$=x^2+2ax+a^2$
$(x-a)^2$
$=x^2-2ax+a^2$

(2) $(x-\underset{a}{4})^2$

$x^2-2ax+a^2$

$=x^2-\boxed{2}\times\boxed{4}\times\boxed{x}+\boxed{4}^2$ （$-2ax$, a^2）

$=\boxed{x^2}-\boxed{8x}+\boxed{16}$

→$+2ax$ のように，もとの式の符号がそのまま $2ax$ の項の符号になるよ！

(3) $(x-\underset{a}{3y})^2$

$x^2-2ax+a^2$

$=x^2-\boxed{2}\times\boxed{3y}\times\boxed{x}+(\boxed{3y})^2$ （$-2ax$, a^2）

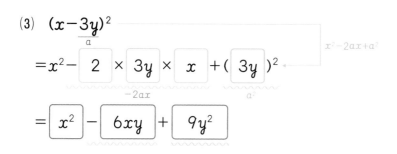

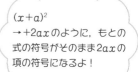

$=\boxed{x^2}-\boxed{6xy}+\boxed{9y^2}$

解いてみよう！

解答 p.2

1 次の式を展開しましょう。

(1) $(x+4)^2$

$= x^2 + □ \times □ \times □ + □^2$

$= x^2 + □ + □$

(2) $(x+3)^2$

(3) $(x-6)^2$

$= x^2 - □ \times □ \times □ + □^2$

$= x^2 - □ + □$

(4) $(x-9)^2$

(5) $(x-5y)^2$

$= x^2 - □ \times □ \times □ + (□)^2$

$= x^2 - □ + □$

(6) $(x-8y)^2$

これでカンペキ 筆算でも展開できる！

$(x+a)^2=(x+a)(x+a)$

$(x+a)$と$(x+a)$を筆算で展開すると，右のようになります。

$$\begin{array}{rr} & x+a \\ \times) & x+a \\ \hline & ax+a^2 \\ & x^2+\ ax\quad\ \ \\ \hline & x^2+2ax+a^2 \end{array}$$

ステージ 5

乗法公式③

$(x+a)(x-a)$を展開しよう!

$(x+a)(x-a)$を展開すると，xとaのそれぞれの2乗の項(こう)の差になります。

1 和と差の積

$(x+a)(x-a)$の展開は，次の公式を利用します。

$$(x+a)(x-a)=x^2\boxed{-ax+ax}-a^2=x^2-a^2$$

$x\times(-a)$　$a\times(-a)$

例 次の式を展開しましょう。

(1) $(x+\underset{a}{3})(x-\underset{a}{3})=x^2-\boxed{3}^2$ ← 公式を使って展開します x^2-a^2

$=\boxed{x^2-9}$

(2) $(\underset{x}{1}-\underset{a}{a})(\underset{x}{1}+\underset{a}{a})=\boxed{1}^2-a^2$

$=\boxed{1-a^2}$

(3) $\left(x-\underset{a}{\frac{1}{2}}\right)\left(x+\underset{a}{\frac{1}{2}}\right)=x^2-\left(\boxed{\frac{1}{2}}\right)^2$

$=\boxed{x^2-\frac{1}{4}}$

(4) $(2x+\underset{a}{3})(2x-\underset{a}{3})=(2x)^2-(\boxed{3})^2$

$=\boxed{4x^2-9}$

公式の(x+a)と(x−a)の順番が入れかわっても展開したら答えは同じじゃ！

解いてみよう！

解答 p.3

1 次の式を展開しましょう。

(1) $(x+5)(x-5)$

$=x^2-\square^2$

$=\square$

(2) $(x+9)(x-9)$

(3) $(7+x)(7-x)$

$=\square^2-x^2$

$=\square$

(4) $(6+x)(6-x)$

(5) $\left(\frac{x}{2}+1\right)\left(\frac{x}{2}-1\right)$

$=\left(\square\right)^2-1^2$

$=\square$

(6) $\left(\frac{x}{3}+\frac{1}{2}\right)\left(\frac{x}{3}-\frac{1}{2}\right)$

(7) $(7x+2y)(7x-2y)$

$=(7x)^2-(\square)^2$

$=\square$

(8) $(3a+4b)(3a-4b)$

これでカンペキ ぜーんぶ乗法公式で解けちゃう！

$(a+b)^2=(a+b)(a+b)$

$=a^2+(b+b)a+b\times b$

$=a^2+2ab+b^2$

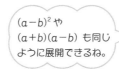

$(a-b)^2$ や $(a+b)(a-b)$ も同じように展開できるね。

ステージ 6

乗法公式④

いろいろな式を展開してみよう！

複雑な多項式（たこうしき）の展開でも，工夫して乗法公式を利用できることがあります。

1 乗法公式

これまで学んだ乗法公式は次のようになります。

1 $(x+a)(x+b)=x^2+(a+b)x+ab$

2 $(x+a)^2=x^2+2ax+a^2$

3 $(x-a)^2=x^2-2ax+a^2$

4 $(x+a)(x-a)=x^2-a^2$

この中のどれかを使って式を展開していきましょう。

例 次の式を展開しましょう。

(1) $(2x+y)(2x-3y)$

公式1を使って展開します ⇒ $x^2+(a+b)x+ab$

$=(\boxed{2x}+\underset{a}{y})\{\boxed{2x}+(\underset{b}{-3y})\}$

2xを1つの文字とみます
$a=y,\ b=-3y$
$a+b=y-3y=-2y$
$a\times b=y\times(-3y)=-3y^2$

$=(\boxed{2x})^2+(\underset{a+b}{\boxed{y-3y}})\times\boxed{2x}+\underset{a\times b}{\boxed{y\times(-3y)}}$

$=\boxed{4x^2-4xy-3y^2}$

(2x)²のように文字の係数も2乗するのじゃぞ。

(2) $(x+y+3)(x+y-3)$

$x+y=A$ とおくと

$(x+y+3)(x+y-3)$

x+yを1つの文字Aにおきかえます

$=(A+3)(A-3)$

公式4を使って展開します ⇒ x^2-a^2

$=A^2-\boxed{3}^2$

$=A^2-\boxed{9}$

Aを(x+y)にもどします

$=(\boxed{x+y})^2-9$

公式2を使って展開します ⇒ $x^2+2ax+a^2$

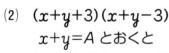

$=\boxed{x^2+2xy+y^2-9}$

月　日

解いてみよう！

解答 p.3

1章 多項式

1 次の式を展開しましょう。

(1) $(3x+4y)(3x-2y)$

$=(\square+4y)\{\square+(-2y)\}$

$=(\square)^2+(\square)\times 3x+\square$

$=\square$

(2) $(2a-5b)(2a-3b)$

(3) $(a+b+5)(a+b-5)$

$=(A+5)(A-5)$ ←$(a+b)=A$とおきます

$=A^2-\square^2$

$=A^2-\square$

$=(\square)^2-25$

$=\square$

(4) $(x+y+4)(x+y-4)$

これでカンペキ ちょっと高度な対処法

$(-x+3)^2=(-x+3)^2\times(-1)^2$ ←(-1)を2回かけるので1をかけるのと同じ

$=(-x+3)\times(-1)\times(-x+3)\times(-1)$

$=(x-3)\times(x-3)$

$=(x-3)^2$

①②③④⑤⑥⑦⑧⑨⑩⑪

ステージ 7

因数分解

共通因数でくくってみよう！

多項式をいくつかの単項式や多項式の積で表すことを因数分解するといいます。

1 因数分解

積で表された1つ1つの式をもとの式の因数といいます。

$$x^2+5x+6=\underbrace{(x+2)}_{\text{因数}}\underbrace{(x+3)}_{\text{因数}}$$

因数分解 →

← 展開

例 次の等式を見て，右辺の因数を答えましょう。

(1) $(x+2)(x+3)=x^2+5x+6$

x^2+5x+6 の因数は $\boxed{x+2,\ x+3}$

(2) $(x+a)(x-a)=x^2-a^2$

x^2-a^2 の因数は $\boxed{x+a,\ x-a}$

(3) $(x+2)^2=x^2+4x+4$

x^2+4x+4 の因数は $\boxed{x+2}$

2 共通因数

多項式のそれぞれの項に共通な因数があるとき，それをかっこの外に出してくくり，因数分解することができます。

$$Ma+Mb=M(a+b)$$

↑ ↑ 共通な因数

例 a^2+3ab の共通因数を見つけて，因数分解しましょう。

$a^2=\boxed{a}\times\boxed{a}$，$3ab=\boxed{3}\times\boxed{a}\times\boxed{b}$

$a^2+3ab=\boxed{a(a+3b)}$

積の形にして因数にします
2つの項の共通因数は a なので，
共通因数 a でくくります

解いてみよう！

解答 p.3

1 次の等式を見て，右辺の因数を答えましょう。

(1) $(x+1)(x+2)=x^2+3x+2$

x^2+3x+2 の因数は

[　　　　]

(2) $(x+10)(x-2)=x^2+8x-20$

2 次の式を，共通因数を見つけて因数分解しましょう。

(1) $ab-bc$

$=\square\times\square-\square\times\square$

$=\square$

(2) $6ax+3ay$

(3) $2a^2b-8ab^2$

$=\square\times\square\times\square\times\square-\square\times\square\times\square\times\square\times\square\times\square$

8を素因数の積の形で表す

$=\square$

(4) $lx+mx+nx$

これでカンペキ 数の因数分解（素因数分解）

ある整数がいくつかの整数のかけ算で表せるとき，それぞれの整数のことも，因数といいます。

また，素数である因数を素因数というので，1年で習った素因数分解とは，ある自然数を素因数の積として表すことを意味します。

素数

$10=2\times5$

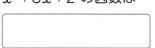

素因数の積

ステージ 8

因数分解の公式①

$x^2+(a+b)x+ab$を因数分解しよう!

和$a+b$と積abの組み合わせからa, bを求めます。

1 $x^2+(a+b)x+ab$の因数分解

1´ $x^2+(\underset{和}{a+b})x+\underset{積}{ab}=(x+a)(x+b)$

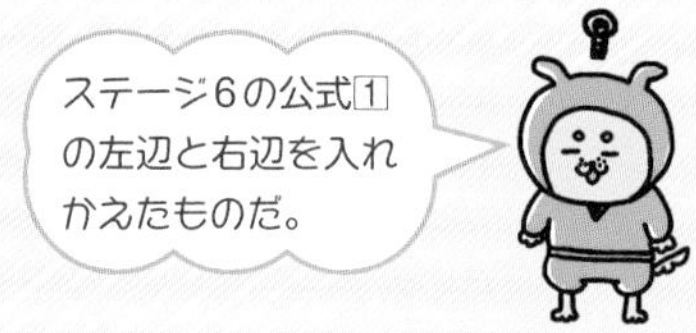

ステージ6の公式1の左辺と右辺を入れかえたものだ。

まず積があてはまる2つの数を考え，その中で和があてはまる数を見つけます。

例 次の式を因数分解しましょう。

(1) $x^2+7x+10$

和が 7 ，積が 10

2つの数の積が 10 になる組のうち，和が 7 になるのは，表より 2 ， 5 になります。よって，

$x^2+7x+10=$ $(x+2)(x+5)$

積(10)	和(7)
1，10	~~11~~
−1，−10	~~−11~~
2，5	7
−2，−5	~~−7~~

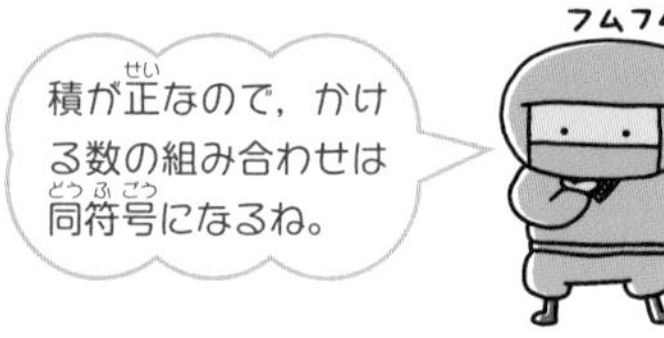

(2) $x^2+5x-24$

和が 5 ，積が −24

2つの数の積が −24 になる組のうち，和が 5 になるのは，表より −3 ， 8 になります。よって，

$x^2+5x-24=$ $(x-3)(x+8)$

積(−24)	和(5)
−1，24	~~23~~
1，−24	~~−23~~
−2，12	~~10~~
2，−12	~~−10~~
−3，8	5
3，−8	~~−5~~
−4，6	~~2~~
4，−6	~~−2~~

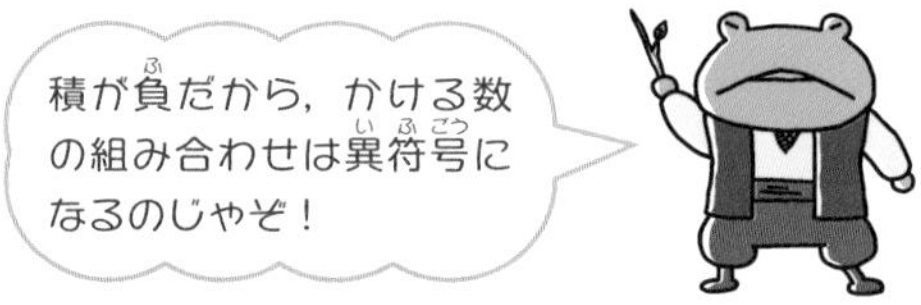

積が負だから，かける数の組み合わせは異符号になるのじゃぞ！

解いてみよう！

解答 p.3

1 次の式を因数分解しましょう。

(1) $x^2+8x+12$

和が［　］，積が［　］になる

組み合わせは［　］，［　］なので

$x^2+8x+12$

$=$［　　　　］

(2) $x^2+11x+24$

(3) $x^2+2x-35$

和が［　］，積が［　］になる

組み合わせは［　］，［　］なので

$x^2+2x-35$

$=$［　　　　］

(4) x^2+7x-8

これでカンペキ 積を求める組み合わせ

例えば，かけて12になる2つの数の組み合わせを考える場合，次のように1から順にわっていきます。

$12\div1=12$ …… 1×12

$12\div2=6$ …… 2×6

$12\div3=4$ …… 3×4

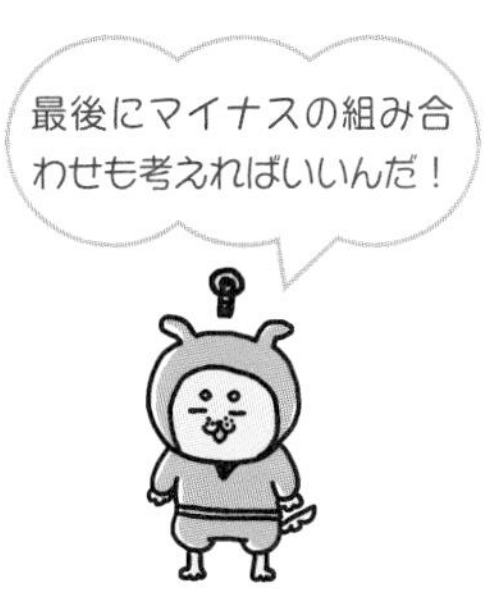

最後にマイナスの組み合わせも考えればいいんだ！

ステージ 9

因数分解の公式②

$x^2+2ax+a^2$, x^2-a^2を因数分解しよう!

それぞれの公式を使って因数分解しましょう。

1 平方の公式を使った因数分解

積の項（こう）がa^2の形になっているとき，次の公式が使えるか確かめましょう。

2′ $x^2+2ax+a^2=(x+a)^2$

3′ $x^2-2ax+a^2=(x-a)^2$

例 次の式を公式2′または3′を使って因数分解しましょう。

$x^2-10x+25$

$10x=2\times5\times x$，$25=5^2$ となるので

$x^2-10x+25$

$=x^2-\boxed{2\times5\times x}+\boxed{5}^2$

公式3′を使って因数分解

$=\boxed{(x-5)^2}$

2 和と差の積を使った因数分解

x^2-a^2の形になっているとき，次の公式が使えます。

4′ $x^2-a^2=(x+a)(x-a)$

例 次の式を因数分解しましょう。

x^2-16

$x^2=x\times x$，$16=4\times4$ となるので

x^2-16

$=x^2-\boxed{4}^2$

公式4′を使って因数分解

$=\boxed{(x+4)(x-4)}$

解いてみよう！

解答 p.4

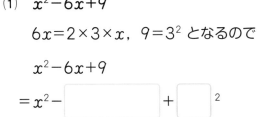

1 次の式を，因数分解しましょう。

(1) x^2-6x+9

$6x=2\times3\times x$，$9=3^2$ となるので

x^2-6x+9

$=x^2-\boxed{}+\boxed{}^2$

$=\boxed{}$

(2) $x^2+16x+64$

(3) x^2-49

$x^2=x\times x$，$49=7\times7$ となるので

x^2-49

$=x^2-\boxed{}^2$

$=\boxed{}$

(4) $9x^2-16y^2$

これで
カンペキ よく使う2乗は覚えてしまおう！

因数分解では数の2乗がたくさん出てきます。よく使う数の2乗はできるだけ覚えよう！

小さい順に　$4=2^2$　$9=3^2$　$16=4^2$　$25=5^2$　$36=6^2$

$49=7^2$　$64=8^2$　$81=9^2$　$100=10^2$

ステージ 10

因数分解の公式③

いろいろな式を因数分解してみよう！

整理した式の最後の項(こう)が，ある数の２乗の形なのかということをもとに，使う因数分解の公式を考えます。

1 因数分解の公式

これまで学んだ因数分解の公式は次のようになります。

1′ $x^2+(a+b)x+ab=(x+a)(x+b)$

2′ $x^2+2ax+a^2=(x+a)^2$

3′ $x^2-2ax+a^2=(x-a)^2$

4′ $x^2-a^2=(x+a)(x-a)$

例 次の式の中で，上の公式3′を使って因数分解できるものを１つ選びましょう。

ア x^2-49 ………… x^2-a^2 の形なので，使う公式は 4′

イ $x^2-12x+35$ ………… 最後の項が a^2 の形ではないので，使う公式は 1′

ウ $x^2+14x+49$ ………… $x^2+2ax+a^2$ の形なので，使う公式は 2′

エ $x^2-14x+49$ ………… $x^2-2ax+a^2$ の形なので，使う公式は 3′

よって，答えは エ です。

2 共通因数

共通因数をくくり出して因数分解します。

例 次の式を因数分解しましょう。

$18x^2-2$

$=2(9x^2-1)$ ← 共通因数をくくり出します

$=2\{(3x)^2-1^2\}$ ← かっこの中を公式4′を使って因数分解します

（x^2-a^2 の形→公式4′）

$=2(3x+1)(3x-1)$

共通因数を見つけられるようになったかな？

解いてみよう！

解答 p.4

1 次の式の中で，左ページの公式 ②′ を使って因数分解できるものを１つ選びましょう。

ア　x^2-25 ……… x^2-a^2 の形なので，使う公式は □

イ　$x^2+7x+10$ ……… 最後の項が a^2 の形ではないので，使う公式は □

ウ　$x^2-10x+25$ ……… $x^2-2ax+a^2$ の形なので，使う公式は □

エ　$x^2+10x+25$ ……… $x^2+2ax+a^2$ の形なので，使う公式は □

よって，答えは □ です。

2 次の式を因数分解しましょう。

(1)　$6x^2-24$

$=\square(x^2-4)$

$=\square(\square^2-\square^2)$

$=\square$

(2)　$4ax^2+16ax+16a$

(3)　$3x^2y-27xy+54y$

$=\square(x^2-9x+18)$

$=\square\{x^2+\{(-3)+(-6)\}x+(-3)\times(-6)\}$

$=\square$

(4)　$abx^2-2abx+ab$

これでカンペキ　123は3の倍数？

各位の数の和を3で割ることができれば3の倍数です。

123→1+2+3=6

6は3で割り切れるため123は3の倍数です。

ステージ 11

式の計算への利用

因数分解を使ってみよう！

展開や因数分解を利用すると，計算しやすくなることがあります。

1 数の計算への利用

展開や因数分解を使うと，計算しやすくなることがあります。

例 次の式を展開や因数分解を使って計算しましょう。

(1) 31^2

$=(30+1)^2$ ←きりのいい数とのたし算の形を考えると…30+1

$=\boxed{30}^2+2\times30\times1+\boxed{1}^2$ ←$(a+b)^2$ の公式が使えます　$a=30,\ b=1$

$=\boxed{900}+\boxed{60}+1$ ←$a^2+2ab+b^2$ に展開

$=\boxed{961}$ ←計算します

フムフム
計算しやすいきりのいい数で分けるといいよ。

(2) 92^2-8^2

$=(\boxed{92+8})\times(\boxed{92-8})$

$=\boxed{100}\times\boxed{84}$

$=\boxed{8400}$

★a^2-b^2 で因数分解
$(a+b)(a-b)$　$a=92,\ b=8$
かっこの中を先に計算します。

2 式の値を求める計算への利用

複雑な式の値(あたい)を求める計算では，すぐに値を代入するのではなく，式を因数分解してから代入すると計算しやすくなることがあります。

例 $x=64$，$y=54$ のとき，$x^2-2xy+y^2$ の値を求めましょう。

$x^2-2xy+y^2$

$=(x-y)^2$ ←まず公式 $a^2-2ab+b^2=(a-b)^2$ を使って因数分解します

$=(\boxed{64}-\boxed{54})^2$ ←ここで $x=64,\ y=54$ を代入

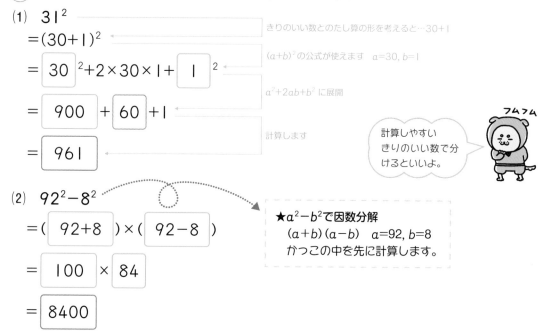

$=\boxed{10}^2=\boxed{100}$

解いてみよう！

解答 p.4

1 次の式を展開や因数分解を使って計算しましょう。

(1) 29^2

$=(30-1)^2$ ← $(a-b)^2$の公式が使えます　$a=30,\ b=1$

$=\square^2-2\times30\times1+\square^2$

$=\square-\square+1$

$=\square$

(2) 61^2

(3) 33^2-3^2 ← a^2-b^2の公式が使えます　$a=33,\ b=3$

$=(\square)\times(\square)$

$=\square\times\square$

$=\square$

(4) 87^2-13^2

2 次の式の値を因数分解を使って計算しましょう。

(1) $x=83,\ y=73$ のとき

$x^2-2xy+y^2$ ← 公式 $a^2-2ab+b^2=(a-b)^2$ を使って因数分解します

$=(x-y)^2$

$=(\square-\square)^2$

$=\square^2=\square$

(2) $x=73,\ y=27$ のとき

$x^2+2xy+y^2$

これでカンペキ $(a+b)(a-b)$の展開を使いこなそう

$56\times44=(50+6)(50-6)$ ← $(a+b)(a-b)$の形にします

$=50^2-6^2$ ← a^2-b^2に展開

$=2500-36$

$=2464$

確認テスト

解答 p.5

/100点

1 次の計算をしましょう。(5点×2)

ステージ 1

(1) $4x(5x+3y)$

(2) $(2a^2b-8ab)\div 4b$

2 次の式を展開しましょう。(5点×4)

ステージ 2 3 4 5

(1) $(x+1)(a+b)$

(2) $(x+3)(x-8)$

(3) $(x-7)^2$

(4) $(2a+5b)(2a-5b)$

3 次の式を展開しましょう。(6点×2)

ステージ 6

(1) $(2x+3y)(2x-5y)$

(2) $(a+b+8)(a+b-8)$

4 次の式を因数分解しましょう。(5点×4)

ステージ 7 8 9

(1) $10xy+15y$

(2) $x^2-6x-27$

(3) $x^2-14x+49$

(4) x^2-36

5 次の式を因数分解しましょう。(6点×2)

ステージ 10

(1) $3x^2-27$

(2) $5ax^2+50ax+125a$

6 次の式を展開や因数分解を使って計算しましょう。(6点×2)

ステージ 11

(1) 99^2

(2) 88^2-12^2

7 次の式を因数分解を使って計算しましょう。(7点×2)

ステージ 11

(1) $x=34$, $y=8$ のとき，
$x^2-6xy+9y^2$ の値

(2) $x=25$, $y=50$ のとき，
$4x^2+4xy+y^2$ の値

数魔小太郎からの挑戦状

解答 p.5

チャレンジこそが上達の近道！

問題

増太郎（ますたろう）は，1辺71cmの正方形の保存食Aのうち，1辺29cmの正方形だけ食べました。残りは何cm²になりますか。また，別の日には，1辺0.64mの正方形の保存食Bのうち，1辺0.36mの正方形だけ食べました。残りは何m²になりますか。急いで報告したいので，因数分解を利用して効率よく計算しましょう。

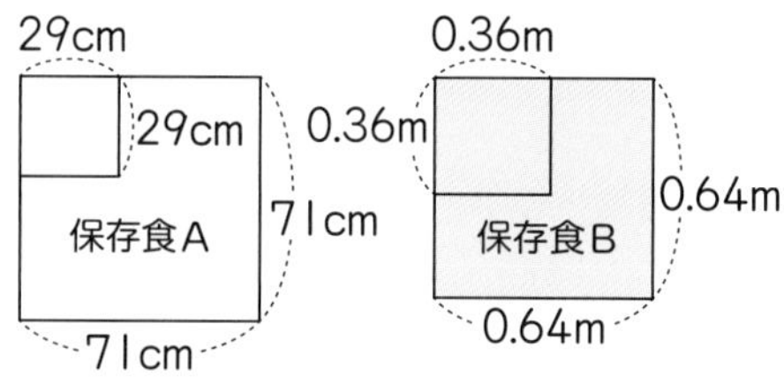

答え　保存食Aの残りは，

①______²－②______²＝(①______＋②______)(①______－②______)

← $a^2-b^2=(a+b)(a-b)$ を利用する

＝③______×④______

＝⑤______　　⑤______cm²

保存食Bの残りは，

⑥______²－⑦______²＝(⑥______＋⑦______)(⑥______－⑦______)

＝⑧______×⑨______

＝⑩______　　⑩______m²

因数分解を使いこなせるようになるのじゃ！

「多項式の巻」伝授！

次は
平方根の巻を
見つけよう

2章 平方根

次の修業の場は「平方根の滝」。

ここで新しく習う平方根の計算では，「多項式の巻」が役に立つ。

記号$\sqrt{}$をあやつる力は，これから先でも必要不可欠。何としてもマスターしておくのだ。

精神統一して，「平方根の巻」を見つけ出せ！

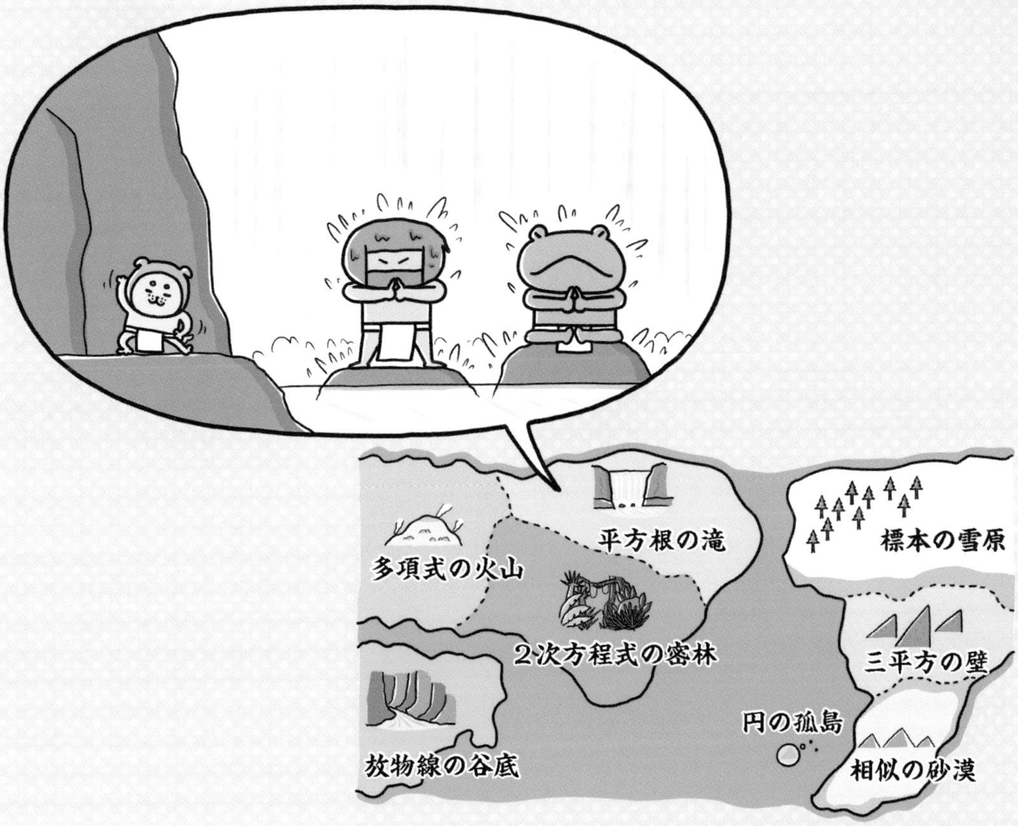

ステージ 12

平方根のルール

平方根を使って表すときのルールを覚えよう！

ある数 x を2乗すると a になる $(x^2=a)$ のとき，x を a の平方根（へいほうこん）といいます。

1 平方根

正（せい）の数 a の平方根のうち，正のほうを $\sqrt{a}$，負（ふ）のほうを $-\sqrt{a}$ と表します。
$\sqrt{a}$ と $-\sqrt{a}$ をまとめて，$\pm\sqrt{a}$ と表します。
この記号 $\sqrt{\ }$ を根号（こんごう）といい，$\sqrt{a}$ をルート a と読みます。

例 次の数を求めましょう。

(1) 16の平方根

$\boxed{4}^2=16$，$(\boxed{-4})^2=16$ です。

正の数　負の数

よって，16の平方根は，$\boxed{\pm4}$ となります。

(2) 7の平方根

7の平方根は，$\boxed{\pm\sqrt{7}}$ となります。

2 根号を使わずに表す

根号を使って表した数の中には，根号を使わなくても表すことができる数があります。

例 次の数を $\sqrt{\ }$ を使わずに表しましょう。

(1) $\sqrt{81}$

$\sqrt{81}=\sqrt{\boxed{9}^2}=\boxed{9}$

$\sqrt{\bigcirc^2}$ の形をつくります

(2) $-\sqrt{64}$

$-\sqrt{64}=-\sqrt{\boxed{8}^2}=\boxed{-8}$

$\sqrt{\bigcirc^2}$ の形をつくります

解いてみよう！

解答 p.6

1 次の数を求めましょう。

(1) 4の平方根

$\square^2=4$，$(\square)^2=4$

正の数　負の数

よって，4の平方根は，$\square$ です。

(2) 100の平方根

(3) 15の平方根

$\square$

(4) 30の平方根

2 次の数を$\sqrt{}$を使わずに表しましょう。

(1) $\sqrt{36}$

$=\sqrt{\square^2}=\square$

$\sqrt{\bigcirc^2}$ の形をつくります

(2) $\sqrt{1}$

(3) $-\sqrt{4}$

$=-\sqrt{\square^2}=\square$

$\sqrt{\bigcirc^2}$ の形をつくります

(4) $-\sqrt{49}$

これでカンペキ　ーはつく？つかない？

$\sqrt{(-3)^2}$ を$\sqrt{}$を使わずに表すとき，$\sqrt{(-3)^2}=-3$ としてはいけません。

$\sqrt{(-3)^2}=\sqrt{9}=3$ になります。

根号を使って表す数$\sqrt{a}$ があるとき，a や$\sqrt{a}$ は必ず0以上の数になります。

ステージ 13

平方根の大小関係

平方根の大小関係を調べてみよう！

平方根$\sqrt{a}$，$\sqrt{b}$の大小関係は，a，bの大小関係から決まります。

1 平方根の大小

$\sqrt{a}$，$\sqrt{b}$について，$0<a<b$のとき，$\sqrt{a}<\sqrt{b}$になります。
右の図から，$5<7$のとき$\sqrt{5}<\sqrt{7}$であることがわかります。

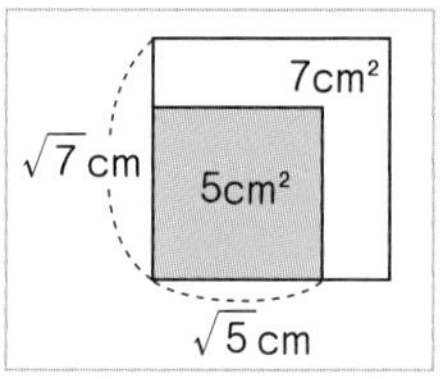

例 次の各組の数の大小を不等号を使って表しましょう。

(1) $\sqrt{14}$，$\sqrt{13}$

14 [>] 13より，$\sqrt{14}$ [>] $\sqrt{13}$となります。

2乗した数をくらべます

(2) $\sqrt{6}$，3

$(\sqrt{6})^2=6$，$3^2=9$で，6 [<] 9なので，$\sqrt{6}$ [<] 3となります。

2乗した数をくらべます

2 有理数と無理数

整数や，$0.2=\frac{1}{5}$のように分数で表せる数を有理数（ゆうりすう）といい，分数で表せない数を無理数（むりすう）といいます。無理数には根号がはずれない数や，円周率のπなどがあります。

例 次の数の中から，無理数を選びましょう。

ア $-\frac{2}{11}$　イ $\sqrt{10}$　ウ 4　エ 0　オ $-\sqrt{100}$

ア $-\frac{2}{11}$は分数なので，[有理数]です。　イ $\sqrt{10}$は[無理数]です。

ウ 4は整数なので，[有理数]です。　エ 0は整数なので，[有理数]です。

オ $-\sqrt{100}=-10$となり，[有理数]です。

よって，無理数は[イ]です。

解いてみよう！

解答 p.6

1 次の各組の数の大小を不等号を使って表しましょう。

(1) $\sqrt{11}$，$\sqrt{15}$

11 □ 15 より，

2乗した数をくらべます

$\sqrt{11}$ □ $\sqrt{15}$ となります。

(2) $\sqrt{6}$，$\sqrt{5}$

(3) $\sqrt{10}$，5

$(\sqrt{10})^2=10$，$5^2=25$ で，

10 □ 25 なので，

2乗した数をくらべます

$\sqrt{10}$ □ 5 となります。

(4) 6，$\sqrt{37}$

2 次の数の中から，無理数を選びましょう。

ア $-\frac{2}{7}$　　イ $\sqrt{25}$　　ウ 2.6　　エ $\sqrt{1000}$　　オ $-\sqrt{81}$

これでカンペキ　大小の考え方

根号の前に－がついた数の大小は，数直線をかくとわかりやすくなります。
また，$-\sqrt{6}$ と -3 の大小を比べる場合，$(-\sqrt{6})\times(-\sqrt{6})=6<(-3)\times(-3)=9$ となりますが，前に－がついているので，$-\sqrt{6}<-3$ ではなく，$-\sqrt{6}>-3$ です。

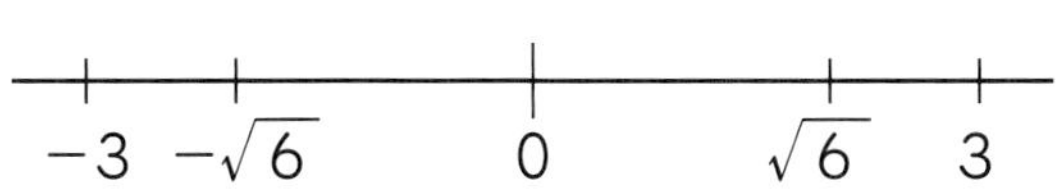

ステージ 14

根号をふくむ式の乗除

根号をふくむ式のかけ算・わり算をしよう！

根号をふくむ式のかけ算・わり算の方法と，それを利用した数の変形の方法について，学びます。

1 根号をふくむ式のかけ算・わり算

a，bを正の数とするとき，

1 $\sqrt{a}\times\sqrt{b}=\sqrt{ab}$　　2 $\dfrac{\sqrt{a}}{\sqrt{b}}=\sqrt{\dfrac{a}{b}}$　となります。

例 次の計算をしましょう。

(1) $\sqrt{3}\times\sqrt{15}=\sqrt{\boxed{3}\times\boxed{15}}=\sqrt{\boxed{45}}$

これを工夫すると，次のようにできます。

$\sqrt{3}\times\sqrt{15}=\sqrt{\boxed{3}}\times\sqrt{\boxed{3}\times 5}=\sqrt{\boxed{3}}\times\sqrt{\boxed{3}}\times\sqrt{\boxed{5}}$

（15をこのように表します）（この計算を先に）

$=\boxed{3}\times\boxed{\sqrt{5}}=\boxed{3\sqrt{5}}$

（この×は省略）

特に指定されない場合，$\sqrt{\ }$の中は，できるだけ小さい数にするのじゃ。

(2) $\sqrt{8}\div\sqrt{2}=\sqrt{\dfrac{\boxed{8}}{\boxed{2}}}=\boxed{\sqrt{4}}=\boxed{2}$

（ここで約分）（4＝2×2）

2 根号のついた数の変形

a，bを正の数とするとき，次の関係が成り立ちます。

$a\sqrt{b}=\sqrt{a^2b}$，　$\sqrt{a^2b}=a\sqrt{b}$

例 次の指示に従って数を変形しましょう。

(1) $2\sqrt{3}$ を $\sqrt{a}$ の形にしましょう。

$2\sqrt{3}=\boxed{2}\times\sqrt{3}=\sqrt{2^2\times 3}=\sqrt{\boxed{4\times 3}}=\sqrt{\boxed{12}}$

(2) $\sqrt{28}$ を $a\sqrt{b}$ の形にしましょう。

$\sqrt{28}=\sqrt{\boxed{2^2}\times\boxed{7}}=\boxed{2}\times\boxed{\sqrt{7}}=\boxed{2\sqrt{7}}$

月　日

解いてみよう！

解答 p.6

1 次の計算をしましょう。

(1) $\sqrt{3}\times\sqrt{5}$

$=\sqrt{\square\times\square}$

$=\square$

(2) $\sqrt{6}\times\sqrt{2}$

(3) $\sqrt{6}\div\sqrt{2}$

$=\sqrt{\dfrac{\square}{\square}}$

ここで約分

$=\square$

(4) $\sqrt{18}\div\sqrt{2}$

2 次の指示に従って数を変形しましょう。

(1) $3\sqrt{3}$ を $\sqrt{a}$ の形にしましょう。

$3\sqrt{3}=\square\times\sqrt{3}=\sqrt{3^2}\times\sqrt{3}=\sqrt{\square}=\square$

(2) $2\sqrt{5}$ を $\sqrt{a}$ の形にしましょう。

(3) $\sqrt{12}$ を $a\sqrt{b}$ の形にしましょう。

$\sqrt{12}=\sqrt{\square}=\square\times\square=\square$

(4) $\sqrt{125}$ を $a\sqrt{b}$ の形にしましょう。

これでカンペキ 連除法（はしご算）

12＝3×2×2 を計算するときに，連除法（はしご算）を用いると楽にできます。

2) 12 ← 12÷2=6 の筆算を逆向きにしています。わり切れる整数（素数）でわります。

2) 6 ← これは 6÷2=3 です。

3 ← 12=2×2×3 となります。素数になったところで終わりです。

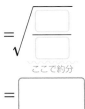

ステージ 15

分母の有理化

分母に根号がない形にしよう！

分母に根号のある数は，分母と分子に同じ数をかけて，分母に根号のない形で表せます。これを分母を有理化する（ぶんぼ　ゆうりか）といいます。

1 分母の有理化

分母を有理化するときは，$\dfrac{b}{\sqrt{a}}=\dfrac{b\times\sqrt{a}}{\sqrt{a}\times\sqrt{a}}=\dfrac{b\sqrt{a}}{a}$ のような式変形を行います。

例　次の数の分母を有理化しましょう。

(1)　$\dfrac{3}{\sqrt{2}}=\dfrac{3\times\boxed{\sqrt{2}}}{\sqrt{2}\times\boxed{\sqrt{2}}}=\boxed{\dfrac{3\sqrt{2}}{2}}$

分母と分子に$\sqrt{2}$をかけます

$\dfrac{2}{3}=\dfrac{2\times3}{3\times3}=\dfrac{6}{9}$ と同じ変形か！

(2)　$\dfrac{4}{\sqrt{2}}=\dfrac{4\times\boxed{\sqrt{2}}}{\sqrt{2}\times\boxed{\sqrt{2}}}=\dfrac{\boxed{4\sqrt{2}}}{\boxed{2}}=\boxed{2\sqrt{2}}$

分母に現れた2と分子の4とで約分します

(3)　$\dfrac{5}{2\sqrt{3}}=\dfrac{5\times\boxed{\sqrt{3}}}{2\sqrt{3}\times\boxed{\sqrt{3}}}=\dfrac{\boxed{5\sqrt{3}}}{\boxed{2\times3}}=\boxed{\dfrac{5\sqrt{3}}{6}}$

$2\sqrt{3}$ ではなく$\sqrt{3}$ だけをかけます

$2\sqrt{3}$ をかけてもよいが，
計算が複雑になるんじゃ。

(4)　$\dfrac{\sqrt{3}}{\sqrt{5}}=\dfrac{\sqrt{3}\times\boxed{\sqrt{5}}}{\sqrt{5}\times\boxed{\sqrt{5}}}=\boxed{\dfrac{\sqrt{15}}{5}}$

分母と分子に$\sqrt{5}$ をかけます

解いてみよう！

解答 p.6

1 次の数の分母を有理化しましょう。

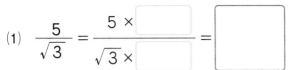

(1) $\dfrac{5}{\sqrt{3}} = \dfrac{5 \times \square}{\sqrt{3} \times \square} = \square$

(2) $\dfrac{2}{\sqrt{5}}$

(3) $\dfrac{12}{\sqrt{3}} = \dfrac{12 \times \square}{\sqrt{3} \times \square} = \dfrac{\square}{\square} = \square$

(4) $\dfrac{5}{2\sqrt{2}}$

(5) $\dfrac{\sqrt{5}}{\sqrt{6}} = \dfrac{\sqrt{5} \times \square}{\sqrt{6} \times \square} = \square$

(6) $\dfrac{\sqrt{3}}{\sqrt{2}}$

これでカンペキ　分母を有理化するときに使う性質

分母の有理化はこの性質を利用しています。

1 根号のついた数は2乗すると根号がとれます。

2 分数は, 分母と分子に同じ数をかけても, 同じ大きさです。

ステージ 16

根号をふくむ式の加減

根号をふくむ式のたし算・ひき算をしよう！

根号のついた数は，根号の中の数が同じときだけ，たしたりひいたりできます。

1 根号をふくむ式のたし算

根号の中が同じであれば，たすことができます。

$a\sqrt{c}+b\sqrt{c}=(a+b)\sqrt{c}$

例 次の計算をしましょう。

(1) $2\sqrt{3}+3\sqrt{3}=(\boxed{2}+\boxed{3})\sqrt{3}=\boxed{5\sqrt{3}}$

2つの$\sqrt{3}$と3つの$\sqrt{3}$で，5つの$\sqrt{3}$

(2) $\sqrt{2}+\sqrt{3}+\sqrt{8}=\sqrt{2}+\sqrt{3}+\boxed{2\sqrt{2}}$ ← $\sqrt{8}=\sqrt{2^2\times 2}$

$=\sqrt{2}+\boxed{2\sqrt{2}}+\sqrt{3}$

順序を入れかえます

$=(\boxed{1}+\boxed{2})\sqrt{2}+\sqrt{3}=\boxed{3\sqrt{2}+\sqrt{3}}$

$\sqrt{2}+\sqrt{3}=\sqrt{5}$
とはならないんだね。
フムフム

2 根号をふくむ式のひき算

根号の中が同じであれば，ひくことができます。

$a\sqrt{c}-b\sqrt{c}=(a-b)\sqrt{c}$

例 次の計算をしましょう。

(1) $6\sqrt{3}-5\sqrt{3}=(\boxed{6}-\boxed{5})\sqrt{3}=\boxed{\sqrt{3}}$

(2) $\sqrt{2}-\sqrt{3}-\sqrt{8}=\sqrt{2}-\sqrt{3}-\boxed{2\sqrt{2}}$ ← $\sqrt{8}=\sqrt{2^2\times 2}$

$=\sqrt{2}-\boxed{2\sqrt{2}}-\sqrt{3}$

順序を入れかえます

$=(\boxed{1}-\boxed{2})\sqrt{2}-\sqrt{3}$

$1-2=-1$ → $-1\sqrt{2}$ とはしない

$=\boxed{-\sqrt{2}-\sqrt{3}}$

$6a-5a=a$と同じよう
に計算できるじゃろ。

月　日

解いてみよう！

解答 p.7

1 次の計算をしましょう。

(1) $\sqrt{3}+\sqrt{3}$

$=(\square+\square)\sqrt{3}=\square$

(2) $3\sqrt{2}+4\sqrt{2}$

(3) $\sqrt{2}+\sqrt{5}+\sqrt{20}$

$=\sqrt{2}+\sqrt{5}+\square$

$=\sqrt{2}+(\square+\square)\sqrt{5}$

$=\square$

(4) $\sqrt{3}+\sqrt{5}+\sqrt{12}$

2 次の計算をしましょう。

(1) $5\sqrt{2}-3\sqrt{2}$

$=(\square-\square)\sqrt{2}=\square$

(2) $8\sqrt{3}-7\sqrt{3}$

(3) $\sqrt{20}-3\sqrt{2}-\sqrt{5}$

$=\square-3\sqrt{2}-\sqrt{5}$

$=\square-\sqrt{5}-3\sqrt{2}$

$=(\square-\square)\sqrt{5}-3\sqrt{2}$

$=\square$

(4) $\sqrt{12}-4\sqrt{3}-3\sqrt{2}$

これでカンペキ もう計算できない？

$\sqrt{2}+\dfrac{1}{\sqrt{2}}$ は，これ以上計算できないように見えますが…

$$\sqrt{2}+\frac{1}{\sqrt{2}}=\sqrt{2}+\frac{1\times\sqrt{2}}{\sqrt{2}\times\sqrt{2}}=\sqrt{2}+\frac{\sqrt{2}}{2}=\left(1+\frac{1}{2}\right)\sqrt{2}=\frac{3}{2}\sqrt{2}$$

↑分母を有理化します

分母を有理化してみると，計算できることがわかります。

2章 平方根

⑫ ⑬ ⑭ ⑮ ⑯ ⑰ ⑱

ステージ **17**

根号をふくむ式のいろいろな計算①

根号をふくむいろいろな式の計算をしよう！

分配法則(ぶんぱいほうそく)や乗法(じょうほう)公式を用いて根号をふくむ式の計算をします。

1 分配法則

根号をふくむ式の計算でも，分配法則を用いて計算することができます。

例 次の計算をしましょう。

(1) $\sqrt{5}(\sqrt{15}-\sqrt{35})=\sqrt{5}\times\boxed{\sqrt{15}}-\sqrt{5}\times\boxed{\sqrt{35}}$

$=\sqrt{5}\times\boxed{\sqrt{5}\times\sqrt{3}}-\sqrt{5}\times\boxed{\sqrt{5}\times\sqrt{7}}$

15=5×3　　35=5×7

$=\boxed{5\sqrt{3}-5\sqrt{7}}$

式の展開(てんかい)でてできた
a(b+c)=ab+ac と
いっしょなんだ！

(2) $(\sqrt{2}+3)(2-\sqrt{2})=\boxed{\sqrt{2}\times2}-\boxed{\sqrt{2}\times\sqrt{2}}+\boxed{3\times2}-\boxed{3\times\sqrt{2}}$

$=\boxed{2\sqrt{2}}-\boxed{2}+\boxed{6}-\boxed{3\sqrt{2}}$

$=(\boxed{6}-\boxed{2})+(\boxed{2\sqrt{2}}-\boxed{3\sqrt{2}})=\boxed{4-\sqrt{2}}$

ルートのない数でまとめて計算します　　ルートのある数でまとめて計算します

2 乗法公式

根号のついた式の場合でも，乗法公式を用いて計算することができます。

例 次の計算をしましょう。

(1) $(\sqrt{3}+\sqrt{5})^2=(\boxed{\sqrt{3}})^2+2\times\boxed{\sqrt{3}}\times\boxed{\sqrt{5}}+(\boxed{\sqrt{5}})^2$

$=\boxed{3}+\boxed{2\sqrt{15}}+\boxed{5}=\boxed{8+2\sqrt{15}}$

これは，
(a+b)²=a²+2ab+b²
の公式だね。

(2) $(\sqrt{2}+\sqrt{3})(\sqrt{2}-\sqrt{3})=(\boxed{\sqrt{2}})^2-(\boxed{\sqrt{3}})^2$

$=\boxed{2}-\boxed{3}=\boxed{-1}$

こんどは，
(a+b)(a−b)=a²−b²
の公式だね。

解いてみよう！

解答 p.7

1 次の計算をしましょう。

(1) $\sqrt{3}(2+\sqrt{2})$

$=\sqrt{3}\times$ □ $+\sqrt{3}\times$ □

$=$ □

(2) $\sqrt{3}(\sqrt{15}-\sqrt{6})$

(3) $(\sqrt{3}+2)(3+\sqrt{2})$

$=$ □ $+$ □ $+$ □ $+$ □

$=$ □ $+$ □ $+$ □ $+$ □

$=$ □

2 次の計算をしましょう。

(1) $(\sqrt{2}+\sqrt{7})^2$

$=($ □ $)^2+2\times$ □ $\times$ □ $+($ □ $)^2$

$=$ □ $+$ □ $+$ □

$=$ □

(2) $(\sqrt{5}+\sqrt{3})(\sqrt{5}-\sqrt{3})$

$=($ □ $)^2-($ □ $)^2=$ □ $-$ □ $=$ □

これでカンペキ　こんなときにも乗法公式

$(2-\sqrt{3})(5-\sqrt{3})$のような場合でも，工夫すれば乗法公式が使えます。

$$(2-\sqrt{3})(5-\sqrt{3})=(-1)\times(2-\sqrt{3})\times(-1)\times(5-\sqrt{3})$$
$$=(\sqrt{3}-2)(\sqrt{3}-5)$$
$$=3-7\sqrt{3}+10=13-7\sqrt{3}$$

ステージ 18

根号をふくむ式のいろいろな計算②

平方根を使いこなそう！

平方根の計算を使うと，図形の面積から辺の長さを求められることがあります。

1 平方根を用いて正方形の1辺の長さを求める問題

平方根を求めることで，正方形の面積から1辺の長さを出すことができます。

例 表面積（ひょうめんせき）が12cm²の立方体があります。

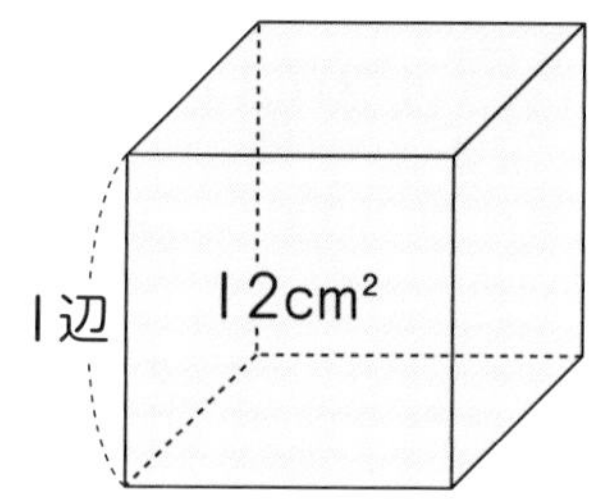

(1) **この立方体の1辺の長さを求めましょう。**

立方体の1辺の長さを$a$cm（$a>0$）とすると，

1辺の長さが負の数や0になることはないため

1つの面の面積は，a^2 cm²となります。

立方体には正方形が6面あるので，

立方体の表面積は，$6a^2$ cm²と表せます。

これが12cm²であるから，

$6a^2=12 \quad a^2=12\div6=2$

$a>0$より，$a=\sqrt{2}$

1辺の長さは $\sqrt{2}$ cmとなります。

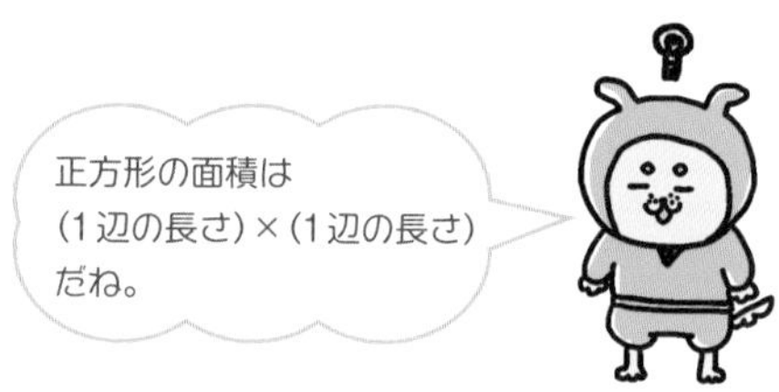

正方形の面積は
(1辺の長さ)×(1辺の長さ)
だね。

(2) **この立方体の体積を求めましょう。**

立方体の体積は，次のようになります。

$a^3=(\sqrt{2})^3$

$=\sqrt{2}\times\sqrt{2}\times\sqrt{2}$

$\sqrt{2^2}=2$

$=2\sqrt{2}$ (cm³)

解いてみよう！

解答 p.7

1 表面積が18cm²の立方体があります。

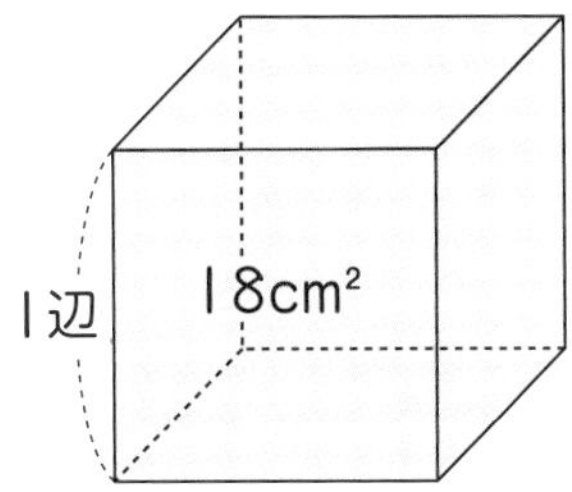
1辺
18cm²

(1) **この立方体の1辺の長さを求めましょう。**

立方体の1辺の長さを$a$cm($a>0$)とすると，
1辺の長さが負の数や0になることはないため

1つの面の面積は，[　　] cm²となります。

立方体には正方形が6面あるので，

立方体の表面積は，[　　] cm²と表せます。

これが18cm²であるから，

$6a^2=18$　　$a^2=18\div6=3$

$a>0$より，$a=$ [　　]

1辺の長さは [　　] cmとなります。

(2) **この立方体の体積を求めましょう。**

立方体の体積は，次のようになります。

$a^3=($ [　　] $)^3$

$=\sqrt{3}\times\sqrt{3}\times\sqrt{3}$

$=$ [　　] (cm³)

これでカンペキ　平方根の近似値のごろ合わせ

平方根の近似値はごろ合わせだとおぼえやすいです。

$\sqrt{2}=1.41421356\cdots$　「ひとよ　ひとよに　ひとみごろ」
$\sqrt{3}=1.7320508\cdots$　「ひとなみに　おごれや」
$\sqrt{5}=2.2360679\cdots$　「ふじさんろく　おーむなく」

2乗して確認してみるのじゃ！

確認テスト

解答 p.8

/100点

1 次の数を求めましょう。(4点×2)

ステージ 12

(1) 9の平方根

(2) 13の平方根

2 次の数を$\sqrt{\ }$を使わずに表しましょう。(4点×2)

ステージ 12

(1) $\sqrt{25}$

(2) $-\sqrt{100}$

3 次の各組の数の大小を不等号を使って表しましょう。(4点×2)

ステージ 13

(1) $\sqrt{8}$，$\sqrt{7}$

(2) 9，$\sqrt{28}$

4 次の数の中から，無理数をすべて選びましょう。(6点)

ステージ 13

ア $-\frac{8}{3}$　イ $\sqrt{36}$　ウ $\sqrt{11}$　エ $\sqrt{100}$　オ π

5 次の計算をしましょう。(5点×2)

ステージ 14

(1) $\sqrt{22}\times\sqrt{2}$

(2) $\sqrt{40}\div\sqrt{5}$

月　日

6 次の数の分母を有理化しましょう。(6点×4)

ステージ 15

(1) $\dfrac{2}{\sqrt{3}}$

(2) $\dfrac{10}{\sqrt{5}}$

(3) $\dfrac{4}{3\sqrt{3}}$

(4) $\dfrac{\sqrt{11}}{\sqrt{13}}$

7 次の計算をしましょう。(6点×4)

ステージ 16 17

(1) $\sqrt{8}+\sqrt{28}+\sqrt{18}$

(2) $\sqrt{18}-\sqrt{48}-\sqrt{12}$

(3) $(\sqrt{3}-5)(\sqrt{3}+3)$

(4) $(\sqrt{5}-\sqrt{3})^2$

8 表面積が30cm²の立方体があります。この立方体の１辺の長さを求めましょう。また，この立方体の体積を求めましょう。(6点×2)

ステージ 18

１辺の長さ

体積

2章 平方根

数魔小太郎からの挑戦状

解答 p.8

問題

今日の増太郎(ますたろう)への宿題は，1～10までの番号が書かれた棚(たな)に隠(かく)されています。$\sqrt{45a}$ が自然数となるような自然数 a のうち，最も小さいものが隠し場所の番号です。最も小さい a を求めましょう。

また，棚の中の宿題の最後には，「$2<\sqrt{b}<3$ をみたす自然数 b の個数が，宿題の枚数じゃ」と書かれていました。b の個数を求めましょう。

答え　まずは a の値を求めましょう。

$\sqrt{}$ 内の $45a$ が自然数の①__________になるように a を決めます。

45を素因数分解すると，$45=$②________$^2\times$③________

ここに③________をかければ②________$^2\times$③________^{2}となり

$\sqrt{45a}$ が有理数となるので，最も小さい a の値は④________

次に，b の値を求めましょう。

$2<\sqrt{b}<3$ の各辺をそれぞれ2乗すると，

⑤__________________となります。

b にあてはまる値は⑥______________________________です。

よって，b の個数は⑦________個です。

２乗がヒントじゃ！

「平方根の巻」伝授！

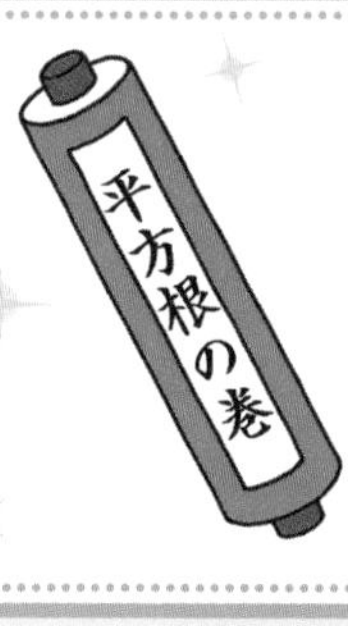

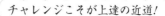

次は
2次方程式の巻
を見つけよう

3章 2次方程式

次の修業の場は「2次方程式の密林」。

1次方程式，連立方程式を極めた増太郎なら，この2次方程式もおそれる必要はない。

脱出には因数分解と解の公式を自在にあやつれるかがポイントになるぞ。

無事に抜け出し，「2次方程式の巻」を手に入れろ！

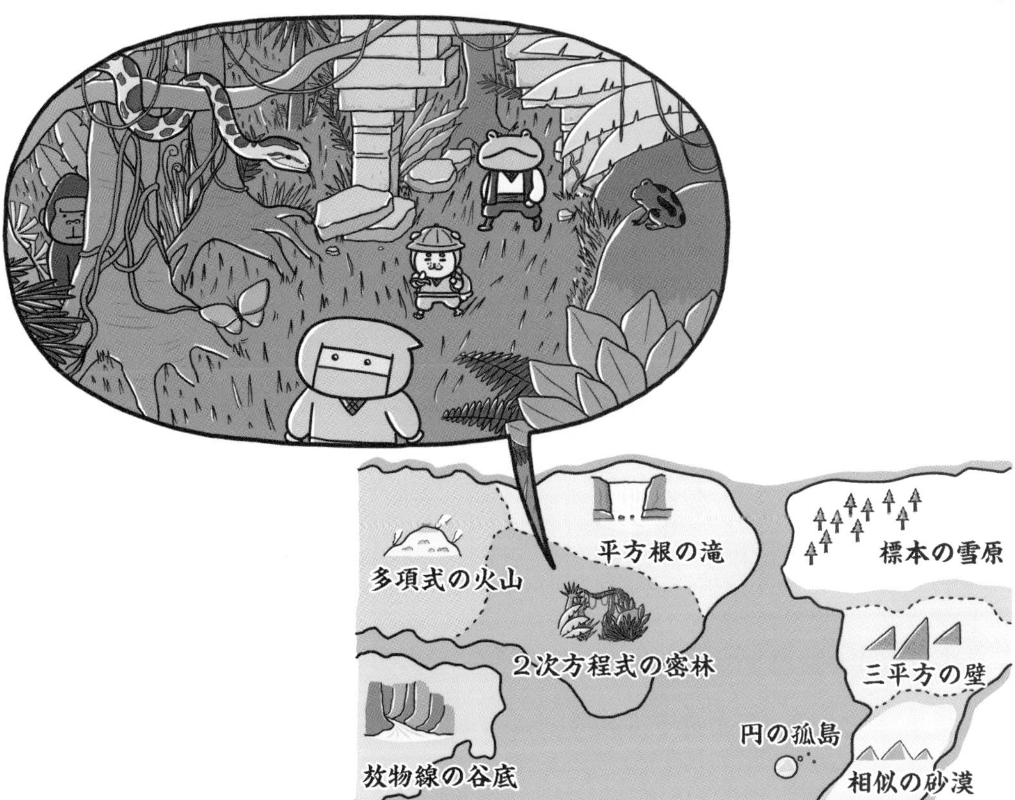

ステージ 19

2次方程式

2次方程式について理解しよう!

(2次式) = 0 と変形できる方程式(ほうていしき)を2次方程式といいます。
2次方程式を成り立たせる文字の値(あたい)を，その方程式の解といいます。
また，2次方程式の解をすべて求めることを2次方程式を解くといいます。

1 2次方程式

右辺(うへん)が0になる形に変形して2次方程式かどうかを確かめます。

例 次の式の中から2次方程式をすべて選びましょう。

ア $2x+7=0$　　イ $x^2=3x+4$　　ウ $(x-3)^2=0$　　エ $x^2=1$

ア 左辺(さへん)が1次式，右辺が0なので，[1次方程式]です。

イ 右辺を移項(いこう)すると，$x^2-3x-4=0$となるので，[2次方程式]です。

ウ 左辺を展開すると，$x^2-6x+9=0$となるので，[2次方程式]です。

エ 右辺を移項すると，$x^2-1=0$となるので，[2次方程式]です。

よって，2次方程式は[イ，ウ，エ]です。

2 2次方程式の解

2次方程式の解を順にあてはめて見つけます。

例 2次方程式 $x^2-x-6=0$ の x に順に整数をあてはめて方程式が成り立つ場合を調べましょう。

xの値	−4	−3	−2	−1	0	1	2	3	4
左辺の値	14	6	0	−4	−6	−6	−4	0	6

この方程式が成り立つのは左辺の値が[0]のときですから，

$x=$[−2]と[3]のときです。

1年で習った1次方程式では解は1つだったけど，
2次方程式では最大で2つの解があるんだね。

解いてみよう！

解答 p.9

1 次の式の中から２次方程式をすべて選びましょう。

ア　$(2x+3)^2=0$　　イ　$1-x^2=0$　　ウ　$-x+1=0$　　エ　$2x-7=x^2$

ア　左辺を展開すると，$4x^2+12x+9=0$ となるので，［　　　］です。

イ　左辺の順を入れかえると，$-x^2+1=0$ となるので，［　　　］です。

ウ　左辺が１次式，右辺が０なので，［　　　］です。

エ　右辺を移項すると，$-x^2+2x-7=0$ となるので，［　　　］です。

よって，２次方程式は［　　　］です。

2 次の問いに答えましょう。

(1)　２次方程式 $x^2-x-2=0$ の x に順に整数をあてはめて方程式が成り立つ場合を調べましょう。

xの値	-4	-3	-2	-1	0	1	2	3	4
左辺の値	18								

この方程式が成り立つのは，$x=$［　　］と［　　］のときです。

(2)　２次方程式 $x^2-4=0$ の x に順に整数をあてはめて方程式が成り立つ場合を調べましょう。

xの値	-4	-3	-2	-1	0	1	2	3	4
左辺の値	12								

この方程式が成り立つのは，$x=$［　　］と［　　］のときです。

これでカンペキ　これって２次方程式？

$x^2+3x=x^2-x+5$ は，２次方程式でしょうか。

右辺を移項すると，$x^2+3x-x^2+x-5=0$ となり，左辺を整理すると x^2 が消えて $4x-5=0$ となるので，１次方程式です。

3章　2次方程式

2次方程式の解き方①

$ax^2+c=0$, $(x+a)^2=c$ の形の解き方を覚えよう!

平方根の考え方で解きます。$x^2=$▲, $(x+a)^2=$■ の形にします。

1 $ax^2+c=0$ の解き方

1 数の項(こう)を移項する。
2 両辺(りょうへん)を x^2 の係数(けいすう)でわる。
3 右辺の平方根を求める。

例 次の2次方程式を解きましょう。

(1) $x^2=12$

$x=$ $\pm\sqrt{12}$　（右辺の平方根を求めます）

$x=$ $\pm2\sqrt{3}$

(2) $3x^2-18=0$

$3x^2=$ 18　（数の項を移項します）

$x^2=$ 18 ÷ 3　（両辺を x^2 の係数でわります）

$x^2=$ 6

$x=$ $\pm\sqrt{6}$　（右辺の平方根を求めます）

√ の中の数はできるだけ小さくするんだね。

2 $(x+a)^2=c$ の解き方

1 右辺の平方根を考える。
2 $x=\sim$ の形にして解を求める。

例 次の2次方程式を解きましょう。

(1) $(x-2)^2=7$

$x-2=$ $\pm\sqrt{7}$　（右辺の平方根を考えます）

$x=$ $2\pm\sqrt{7}$　（$x=\sim$ の形にして解を求めます）

(2) $(x+5)^2=36$

$x+5=$ ±6　（右辺の平方根を考えます）

$x=$ -5 ± 6　（$x=\sim$ の形にして解を求めます）

$x=$ $-5+6$ または $x=$ $-5-6$

$x=$ 1, -11

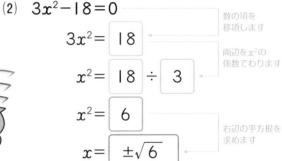

月　日

解いてみよう！

解答 p.9

1 次の２次方程式を解きましょう。

(1) $x^2=16$

$x=$ □ ← 右辺の平方根を求めます

(2) $2x^2=8$

(3) $x^2-10=0$

$x^2=$ □ ← 数の項を移項します

$x=$ □ ← 右辺の平方根を求めます

(4) $2x^2-14=0$

2 次の２次方程式を解きましょう。

(1) $(x-1)^2=3$

$x-1=$ □ ← 右辺の平方根を考えます

$x=$ □ ← $x=$～の形にして解を求めます

(2) $(x+3)^2=5$

(3) $(x+3)^2=1$

$x+3=$ □ ← 右辺の平方根を考えます

$x=$ □ ← $x=$～の形にして解を求めます

$x=$ □ または □

$x=$ □, □

(4) $(x-5)^2=25$

これで**カンペキ** 展開せずに解こう！

$(x+a)^2=c$ の形の方程式は左辺を展開せずに解きましょう。

例えば，② 例 (1)の $(x-2)^2=7$ の場合，展開すると $x^2-4x+4=7$ となり，さらに２次式＝0の形にすると $x^2-4x-3=0$ となります。これはステージ21で習う形ですが，結局もとの形に変形して解くことになります。

ステージ 21

2次方程式の解き方②

$x^2+px+q=0$ の形の解き方を覚えよう!

$x^2+px+q=0$ の形の方程式は，$(x+a)^2=c$ の形に変形して解きます。

1 $x^2+px+q=0$ の解き方

1 数の項(こう)を移項する。
2 両辺に(xの係数÷2)^{2}をたす。
3 左辺を因数分解(いんすうぶんかい)する。
4 平方根を求める。
5 数の項を移項する。

例 次の2次方程式を解きましょう。

(1)
$x^2-4x-1=0$
数の項を移項します
$x^2-4x=1$
両辺に$(-2)^2$をたします
$x^2-4x+(\boxed{-2})^2=1+(\boxed{-2})^2$
左辺を因数分解します
$(x\boxed{-2})^2=\boxed{1+4}$
$(x-2)^2=\boxed{5}$
平方根を求めます
$x-2=\boxed{\pm\sqrt{5}}$
数の項を移項します
$x=\boxed{2\pm\sqrt{5}}$

(2)
$x^2+5x+3=0$
数の項を移項します
$x^2+5x=-3$
両辺に$\left(\frac{5}{2}\right)^2$をたします
$x^2+5x+\left(\boxed{\frac{5}{2}}\right)^2=-3+\left(\boxed{\frac{5}{2}}\right)^2$
左辺を因数分解します
$\left(x+\boxed{\frac{5}{2}}\right)^2=\boxed{-\frac{12}{4}+\frac{25}{4}}$
$\left(x+\frac{5}{2}\right)^2=\boxed{\frac{13}{4}}$
平方根を求めます
$x+\frac{5}{2}=\pm\sqrt{\frac{13}{4}}$
数の項を移項します
$x=\boxed{-\frac{5}{2}\pm\sqrt{\frac{13}{4}}}$
$x=\boxed{-\frac{5}{2}\pm\frac{\sqrt{13}}{2}}$ $\left(\boxed{\frac{-5\pm\sqrt{13}}{2}}\text{でも可}\right)$

解いてみよう！

解答 p.9

1 次の２次方程式を解きましょう。

(1)

$$x^2-8x+3=0$$
$$x^2-8x=-3$$

数の項を移項します

$$x^2-8x+(\square)^2=-3+(\square)^2$$
$$(x\square)^2=\square$$
$$(x-4)^2=\square$$

右辺の平方根を求めます

$$x-4=\square$$

$x=\sim$ の形にして解を求めます

$$x=\square$$

(2)

$$x^2-3x+1=0$$
$$x^2-3x=-1$$
$$x^2-3x+\left(\square\right)^2=-1+\left(\square\right)^2$$
$$\left(x\square\right)^2=\square$$
$$\left(x-\frac{3}{2}\right)^2=\square$$

右辺の平方根を考えます

$$x-\frac{3}{2}=\pm\sqrt{\frac{5}{4}}$$
$$x-\frac{3}{2}=\square$$
$$x=\square$$

これでカンペキ　2次方程式 $x^2-4x-3=0$ の解

$x^2-4x-3=0$ を変形すると，$(x-2)^2=7$ となり，ステージ20の②例(1)の結果と同じになることがわかります。

ステージ 22

2次方程式の解き方③

解の公式を使って解いてみよう！

2次方程式 $ax^2+bx+c=0$ の解は，$x=\dfrac{-b\pm\sqrt{b^2-4ac}}{2a}$ となります。

1 2次方程式の一般式

すべての2次方程式は，$ax^2+bx+c=0$ の形で表すことができます。

例 次の2次方程式を $ax^2+bx+c=0$ の形に表したとき，a，b，c にあてはまる数を書きましょう。

(1) $2x^2+3x-4=0$ $a=$ 2 ，$b=$ 3 ，$c=$ −4

(2) $x^2=5x-2$

右辺を移項（いこう）して，$x^2-5x+2=0$ $a=$ 1 ，$b=$ −5 ，$c=$ 2

2 2次方程式の解の公式

2次方程式 $ax^2+bx+c=0$ の解は $x=\dfrac{-b\pm\sqrt{b^2-4ac}}{2a}$

代入するだけと思って油断するでないぞ。＋－を間違（まちが）えやすいんじゃ。

例 次の2次方程式を解の公式を使って解きましょう。

(1) $2x^2+3x-4=0$ $a=$ 2 ，$b=$ 3 ，$c=$ −4

$$x=\frac{-3\pm\sqrt{3^2-4\times2\times(-4)}}{2\times2}=\frac{-3\pm\sqrt{9+32}}{4}=\frac{-3\pm\sqrt{41}}{4}$$

(2) $x^2=5x-2$

右辺を移項して，$x^2-5x+2=0$ $a=$ 1 ，$b=$ −5 ，$c=$ 2

$$x=\frac{-(-5)\pm\sqrt{(-5)^2-4\times1\times2}}{2\times1}=\frac{5\pm\sqrt{25-8}}{2}=\frac{5\pm\sqrt{17}}{2}$$

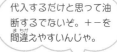

解いてみよう！

解答 p.9

1 次の2次方程式を$ax^2+bx+c=0$の形に表したとき，a，b，c にあてはまる数を書きましょう。

(1) $x^2+3x-5=0$　　$a=$□，$b=$□，$c=$□

(2) $2x^2=5x-1$
右辺を移項して，$2x^2-5x+1=0$　　$a=$□，$b=$□，$c=$□

2 次の2次方程式を解の公式を使って解きましょう。

(1) $x^2+3x-5=0$　　$a=$□，$b=$□，$c=$□

$$x=\frac{-\square\pm\sqrt{\square^2-4\times\square\times(\square)}}{2\times\square}$$

$$=\frac{-3\pm\sqrt{\square}}{2}=\square$$

(2) $2x^2=5x-1$
右辺を移項して，$2x^2-5x+1=0$　　$a=$□，$b=$□，$c=$□

$$x=\frac{-(\square)\pm\sqrt{(\square)^2-4\times\square\times\square}}{2\times\square}$$

$$=\frac{5\pm\sqrt{\square}}{4}=\square$$

これでカンペキ 解の約分

2次方程式 $ax^2+bx+c=0$ の b が偶数(ぐうすう)のとき，2次方程式の解は約分ができます。
例えば，$x^2-6x+3=0$ のとき $a=1$，$b=-6$，$c=3$ なので，

$\sqrt{24}=\sqrt{2\times2\times6}$　　分子の 6，2 をどちらも2でわります

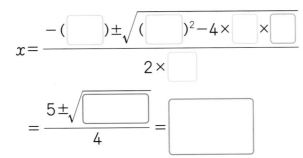

$$x=\frac{-(-6)\pm\sqrt{(-6)^2-4\times1\times3}}{2\times1}=\frac{6\pm\sqrt{24}}{2}=\frac{6\pm2\sqrt{6}}{2}=3\pm\sqrt{6}$$

ステージ 23

2次方程式の解き方④

因数分解を使って解いてみよう！

右辺＝0 にした2次方程式の左辺が因数分解できるときは，それを利用して方程式を解きます。

1 $x^2-(a+b)x+ab=0$ の解き方

1 左辺を因数分解して，$(x-a)(x-b)=0$ の形にする。
2 $AB=0$ ならば $A=0$ または $B=0$ を用いる。
3 $x-a=0$，$x-b=0$ を解く。

例 次の2次方程式を因数分解を使って解きましょう。

(1)

$x^2-5x+6=0$
　　左辺を因数分解

$(x\boxed{-2})(x\boxed{-3})=0$
　　$AB=0$ ならば $A=0$ または $B=0$

$\boxed{x-2}=0$ または $\boxed{x-3}=0$
　　それぞれ解きます

$x=\boxed{2}, \boxed{3}$

(2)

$x^2+6x+9=0$
　　左辺を因数分解

$(x+\boxed{3})^2=0$
　　$A^2=0$ ならば $A=0$

$x+\boxed{3}=0$
　　解きます

$x=\boxed{-3}$

$(x+3)^2$ はつまり
$(x+3)(x+3)$
のことか！

(3)

$x^2-5x=0$
　　左辺を因数分解

$x(\boxed{x-5})=0$
　　$AB=0$ ならば $A=0$ または $B=0$

$\boxed{x}=0$ または $\boxed{x-5}=0$
　　それぞれ解きます

$x=\boxed{0}, \boxed{5}$

$x=0$，
$x-5=0$ だね，
楽勝～。

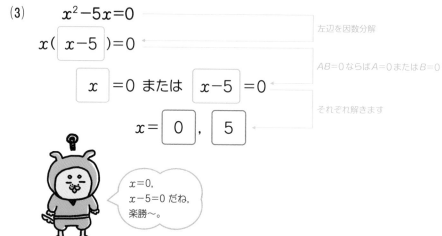

解いてみよう！

解答 p.10

1 次の２次方程式を因数分解を使って解きましょう。

(1) $x^2-2x-8=0$

$(x+\square)(x\square)=0$

$x+\square=0$ または $x\square=0$

$x=\square$, $\square$

左辺を因数分解
AB=0ならば A=0またはB=0
それぞれ解きます

(2) $x^2+2x-3=0$

(3) $x^2-8x+16=0$

$(x\square)^2=0$

$x\square=0$

$x=\square$

左辺を因数分解
$A^2=0$ならば$A=0$
解きます

(4) $x^2+10x+25=0$

(5) $x^2-3x=0$

$x(x\square)=0$

$\square=0$ または $\square=0$

$x=\square$, $\square$

左辺を因数分解
AB=0ならば A=0またはB=0
それぞれ解きます

(6) $x^2+7x=0$

これでカンペキ $x^2=3x$ の解き方

$x^2=3x$ を解く場合，右辺の $3x$ を移項（いこう）して，$x^2-3x=0$ としてから，例(3)と同様にします。

このとき，$x^2=3x$ の両辺を x でわって，$x=3$ としてはいけません。これは，$x=0$ のとき両辺を 0 でわっていることになるからです。

ステージ 24

いろいろな2次方程式

いろいろな2次方程式を解いてみよう！

2次方程式は右辺が0の $ax^2+bx+c=0$ の形にしてから解きます。

1 2次方程式の解き方(1)

どのような2次方程式も右辺が0の形に変形すれば，解の公式を使って解けます。

例 2次方程式 $x^2+6x-8=0$ を解きましょう。
左辺は因数分解できません。よって，解の公式を使います。

$x^2+6x-8=0$ $a=1$，$b=6$，$c=-8$

公式に代入

$$x=\frac{-6\pm\sqrt{6^2-4\times1\times(-8)}}{2\times1}=\frac{-6\pm\sqrt{36+32}}{2}$$

$\sqrt{68}=\sqrt{2\times2\times17}$　2で約分

$$=\frac{-6\pm\sqrt{68}}{2}=\frac{-6\pm2\sqrt{17}}{2}=-3\pm\sqrt{17}$$

解の公式はステージ22で勉強したものだ！

2 2次方程式の解き方(2)

どのような2次方程式でも解の公式で解けますが，因数分解で解ける場合は因数分解で解きましょう。

例 次の2次方程式を解きましょう。

(1) $(x-3)(x+2)=-4$
左辺を展開します
$x^2-x-6=-4$
xの式$=0$の形にします
$x^2-x-6+4=0$
$x^2-x-2=0$
左辺を因数分解します
$(x+1)(x-2)=0$
$x=-1$，2

(2) $x(x+3)=4$
左辺を展開します
$x^2+3x=4$
xの式$=0$の形にします
$x^2+3x-4=0$
左辺を因数分解します
$(x-1)(x+4)=0$
$x=1$，-4

解いてみよう！

解答 p.10

1 次の２次方程式を解きましょう。

(1) $x^2+2x-13=0$

左辺は因数分解できません。よって，解の公式を使います。

$a=\square$，$b=\square$，$c=\square$

$$x=\frac{-\square\pm\sqrt{\square^2-4\times\square\times(\square)}}{2\times\square}=\frac{-2\pm\sqrt{\square}}{2}$$

$$=\frac{-2\pm\sqrt{\square}}{2}=\frac{-2\pm\square}{2}=\square$$

(2) $x^2-4x+2=0$

2 次の２次方程式を解きましょう。

(1) $(x-1)(x+3)=21$

$\square=21$

$\square\ \square=0$

$\square=0$

$\square=0$

$x=\square,\ \square$

左辺を展開します

xの式＝0の形にします

左辺を因数分解します

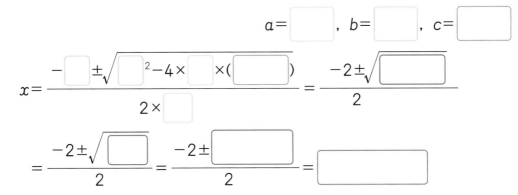

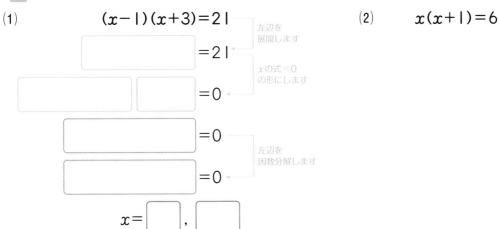

(2) $x(x+1)=6$

ステージ 25

2次方程式の利用

2次方程式を使って問題を考えよう!

2次方程式の文章問題では，求めたい値をxとおいて方程式をつくります。

1 一方の解が不適となる問題

文章題では，2次方程式の2つの解が，条件に合うかどうか必ず確かめましょう。

例 縦10m，横8mの長方形の土地があります。
この土地に図1のように縦横同じ幅(はば)の道を作り，残りを畑にしようと思います。
畑の面積を48m² にするには，道の幅を何mにすればよいですか。

道の幅をxmとします。
道を図2のように
右端と下に移動しても
畑の面積は変わりません。

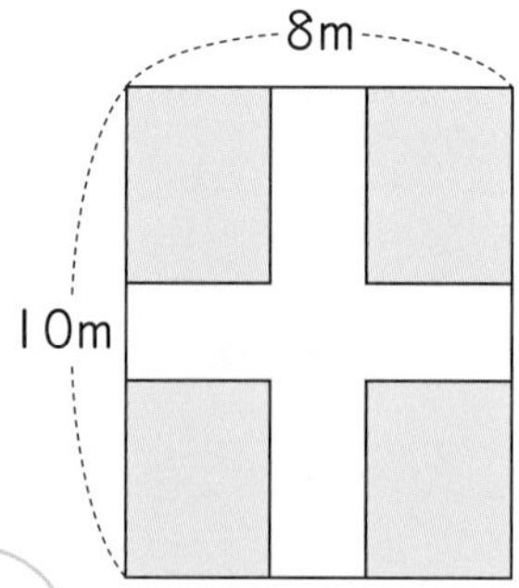

図1

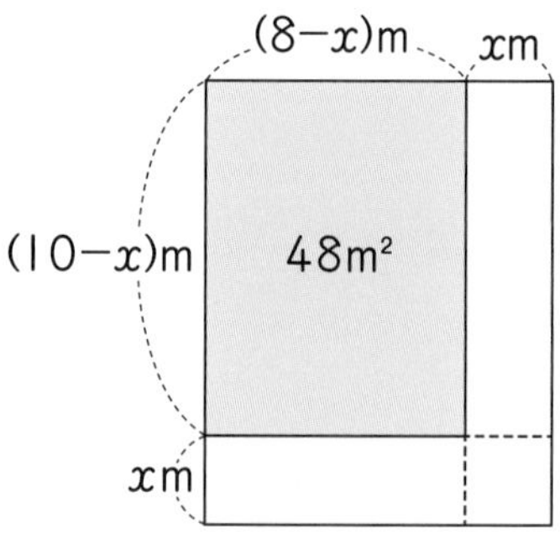

図2

道の幅を除けば畑の縦横の長さが求められるぞ。

畑の面積をxを用いて表すと，(10−x)(8−x)=48 となります。

左辺を展開します

$80-10x-8x+x^2=48$

左辺に48を移項し，並べかえます

$x^2-18x+80-48=0$

$x^2-18x+32=0$

左辺を因数分解します

$(x-2)(x-16)=0$

$x=$ 2 , 16

土地の横の長さが8mなので，16mの道を作ることはできません

土地の横の長さより，$0<x<8$ であるから，$x=2$ は適して，$x=16$ は適さない。

このように解をしぼりこむ条件として示しておきます

よって，道の幅は 2 mです。

解いてみよう！

解答 p.10

1 縦 10m，横 15m の長方形の土地があります。この土地に図 1 のように縦横同じ幅の道を作り，残りを畑にしようと思います。畑の面積を 84m² にするには，道の幅を何 m にすればよいですか。

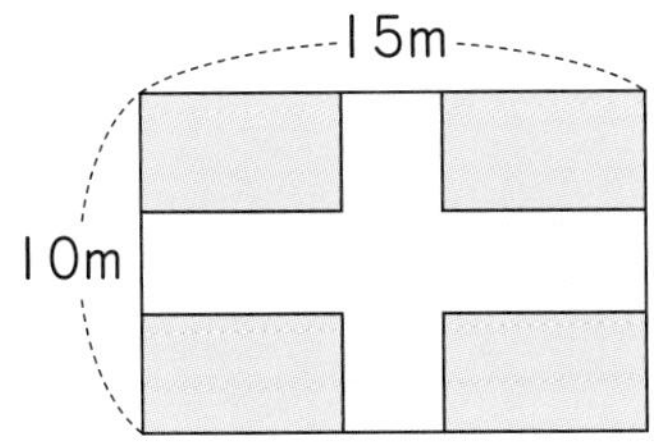

図1

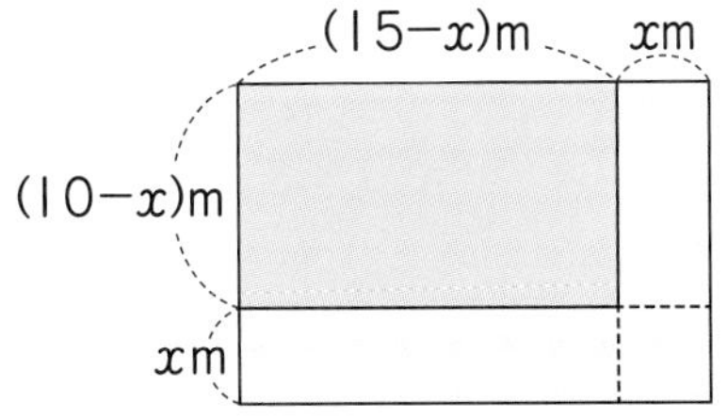

図2

道の幅を xm とします。

道を図 2 のように右端と下に移動しても畑の面積は変わりません。

畑の面積を x を用いて表すと，(　　)(　　)＝84 となります。

左辺を展開します

$150-10x-15x+x^2=84$

左辺に84を移項し，並べかえます

$x^2-25x+150-84=0$

$x^2-25x+66=0$

左辺を因数分解します

(　　)(　　)＝0

$x=$ □，□

土地の縦の長さが10mなので，22mの道を作ることはできません

土地の縦の長さより，$0<x<10$ であるから，$x=3$ は適して，$x=22$ は適さない。

このように解をしぼりこむ条件として示します

よって，道の幅は □ m です。

確認テスト

解答 p.11　　/100点

1 次の式の中から２次方程式をすべて選びましょう。(8点)

ステージ 19

ア　$8-x^2=0$　　イ　$3x+4=0$　　ウ　$(x-5)^2=0$　　エ　$3x+6=x^2$

2 次の２次方程式を解きましょう。(7点×4)

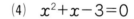

ステージ 20 21

(1)　$4x^2-20=0$

(2)　$(x+7)^2=9$

(3)　$x^2-6x+2=0$

(4)　$x^2+x-3=0$

3 次の２次方程式を解の公式を使って解きましょう。(7点×2)

ステージ 22

(1)　$x^2+2x-7=0$

(2)　$5x^2=3x+1$

4 次の２次方程式を因数分解を使って解きましょう。(7点×2)　ステージ23

(1) $x^2-2x+1=0$

(2) $x^2-8x=0$

5 次の２次方程式を解きましょう。(10点×2)　ステージ24

(1) $x^2+3x-1=0$

(2) $(x-2)(x-3)=6$

6 縦10m，横12mの長方形の土地があります。この土地に図のように縦横同じ幅の道を作り，残りを畑にしようと思います。畑の面積を80m²にするには，道の幅を何mにすればよいですか。(16点)　ステージ25

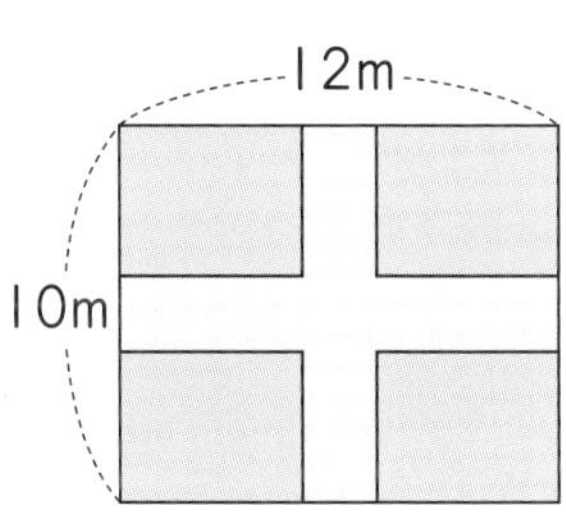

数魔小太郎からの挑戦状

解答 p.11

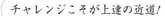

チャレンジこそが上達の近道!

問題

パネルにaとbの値を入力するとお菓子の入った金庫が開きます。a，bを使った２次方程式$x^2+ax+b=0$の解が１，２であることがわかっています。aとbの値を求めましょう。

答え　$x^2+ax+b=0$に，$x=1$，２をそれぞれ代入します。

(ア)　$1^2+a\times1+b=0$　　　　(イ)　$2^2+a\times2+b=0$

①＿＿＿＿$+a+b=0$　　　　②＿＿＿＿$+2a+b=0$

(ア)と(イ)でできた式を連立方程式として解きます。

①＿＿＿＿$+\ a+b=0$

$-)$ ②＿＿＿＿$+2a+b=0$

③＿＿＿＿$-\ a\quad=0$　　　$a=$③＿＿＿＿

$a=$③＿＿＿＿を①＿＿＿＿$+a+b=0$に代入します。

①＿＿＿＿$+($③＿＿＿＿$)+b=0$

$b=$④＿＿＿＿

よって，$a=$③＿＿＿＿　$b=$④＿＿＿＿

2つの解を，それぞれ方程式に代入して，2つの式をつくるのじゃ！

「2次方程式の巻」伝授！

次は放物線の巻を見つけよう

4章 関数$y=ax^2$

次の修業の場は「放物線の谷底」。
密林を抜け出し，増太郎がたどり着いたのは谷底の激流。
ここでは，グラフが放物線になる新たな関数が登場する。
1次関数とはひと味もふた味もちがうぞ！
舟に乗って，「放物線の巻」をゲットしよう！

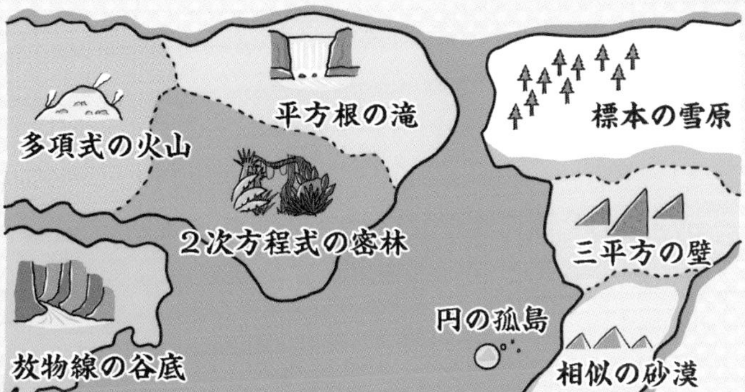

ステージ 26

関数 $y=ax^2$ について理解しよう！

y が x の2乗に比例するとき，$y=ax^2$ と表されます。

例　半径が x cmの円の面積を y cm² とします。

(1)　x と y の関係を，次の表にまとめましょう。

x	1	2	3	4	5
y	π	[4] π	[9] π	[16] π	[25] π

(2)　x の値が2倍，3倍，4倍となると，y の値はそれぞれ何倍になりますか。

表の関係から，x の値が2倍，3倍，4倍となると，

y の値はそれぞれ [4] 倍，[9] 倍，[16] 倍となります。

(3)　y を x の式で表しましょう。

y は x^2 に [π] をかけたものなので，[$y=\pi x^2$] となります。

フムフム
yがx²に比例している
ことがわかるね。

例　y が x の2乗に比例し，$x=3$ のとき $y=18$ となるとき，y を x の式で表しましょう。

$y=ax^2$ とおき，$x=$ [3]，$y=$ [18] を代入します。

[18] $=a\times$ [3]^2 より $18=9a$

これを解いて $a=$ [2]

よって [$y=2x^2$]　← $y=ax^2$ に $a=2$ を代入

解いてみよう！

解答 p.12

1 半径が x cm の半円の面積を y cm² とするとき，次の問いに答えましょう。

(1) x と y の関係を，次の表にまとめましょう。

x	1	2	3	4	5
y	$\frac{\pi}{2}$	□	□	□	□

(2) x の値が2倍，3倍，4倍になると，y の値はそれぞれ何倍になりますか。

y の値はそれぞれ□倍，□倍，□倍となります。

(3) y を x の式で表しましょう。

y は x^2 に□をかけ，□でわったものなので，□となります。

2 y が x の2乗に比例し，$x=2$ のとき $y=12$ となるとき，y を x の式で表しましょう。

$y=ax^2$ とおき，$x=$□，$y=$□を代入します。

□$=a\times$□^{2} より $12=4a$

これを解いて $a=$□

よって□ ← $y=ax^2$ に $a=3$ を代入

これでカンペキ　関数 $y=ax^2$ の表の y の値

関数 $y=ax^2$ の x と y の関係をまとめた表では，y の値は0を基準として左右対称（たいしょう）の位置に同じ値が並びます。また，値は常に0以上または常に0以下のいずれかとなります。

例 $y=2x^2$ では，y は常に0以上の数となります。

x	−3	−2	−1	0	1	2	3
y	18	8	2	0	2	8	18

常に0以上の数

例 $y=-2x^2$ では，y は常に0以下の数となります。

x	−3	−2	−1	0	1	2	3
y	−18	−8	−2	0	−2	−8	−18

常に0以下の数

ステージ 27

関数 $y=ax^2$ のグラフ

関数 $y=ax^2$ のグラフをかいてみよう！

関数 $y=ax^2$ のグラフは，原点を通る放物線で，y 軸に対して線対称となる。対称の軸を放物線の軸といい，放物線の軸と放物線との交点を放物線の頂点といいます。

1 関数 $y=ax^2$ のグラフ（$a>0$ のとき）

$a>0$ のときは上に開いた放物線になり，a が大きいほど開き方が狭くなります。
関数 $y=ax^2$ のグラフをかくときには，まず，適当な範囲の x の値に対する y の値をそれぞれ求めて表にまとめ，これをもとにグラフをかきます。

例 次の式が表す関数のグラフをかきましょう。

$y=x^2$ ← $a=1$

x	−3	−2	−1	0	1	2	3
y	9	4	1	0	1	4	9

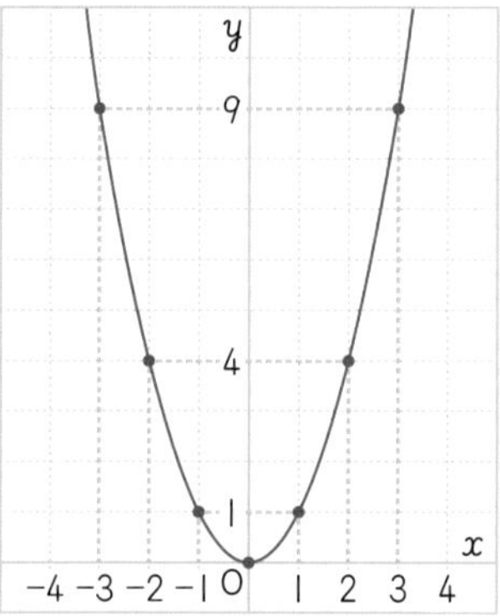

原点を通り，y 軸について対称になっていることを確認しよう。

2 関数 $y=ax^2$ のグラフ（$a<0$ のとき）

$a<0$ のときは下に開いた放物線になり，a が小さいほど（a の絶対値が大きいほど）開き方が狭くなります。
上と同じように表にまとめ，これをもとにグラフをかきます。

例 次の式が表す関数のグラフをかきましょう。

$y=-x^2$ ← $a=-1$

x	−3	−2	−1	0	1	2	3
y	−9	−4	−1	0	−1	−4	−9

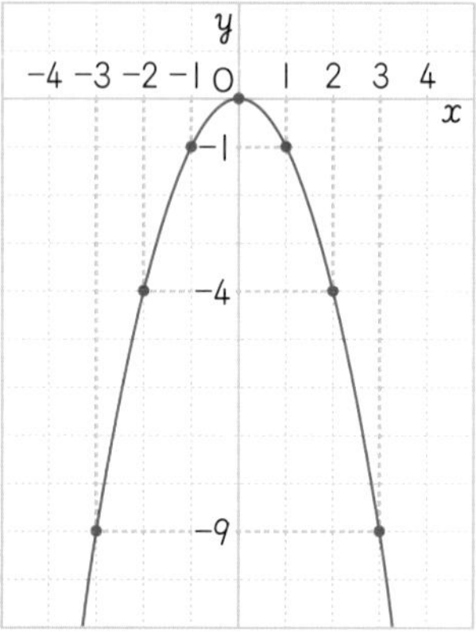

月　日

解いてみよう！

解答 p.12

1 次の式が表す関数のグラフをかきましょう。

(1) $y=\frac{1}{2}x^2$

x	−3	−2	−1	0	1	2	3
y				0			

(2) $y=-\frac{1}{2}x^2$

x	−3	−2	−1	0	1	2	3
y				0			

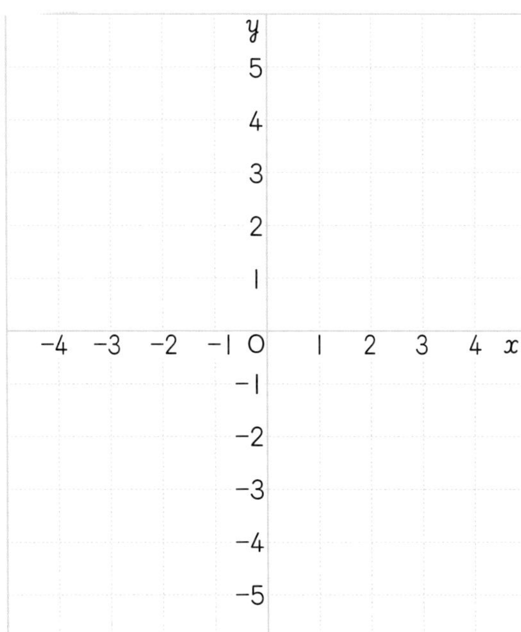

これでカンペキ $y=ax^2$のグラフ

$y=ax^2$のグラフは，y軸に対して左右対称なので，$x \geqq 0$の範囲だけ表をつくり，グラフをかく際に$x<0$の部分もかくとよいでしょう。

ステージ 28

関数$y=ax^2$の値の変化

関数$y=ax^2$の値の変化を読み取ろう！

関数$y=ax^2$の値は，aの符号とxの値の範囲が$x≧0$か$x≦0$かによって増加，減少が決まる。また，変化の割合は一定ではない。

1 関数$y=ax^2$の値の変化

xが増加するとき，関数$y=ax^2$の値の変化は
$a>0$のとき…$x≦0$の範囲で減少，$x≧0$の範囲で増加
$a<0$のとき…$x≦0$の範囲で増加，$x≧0$の範囲で減少

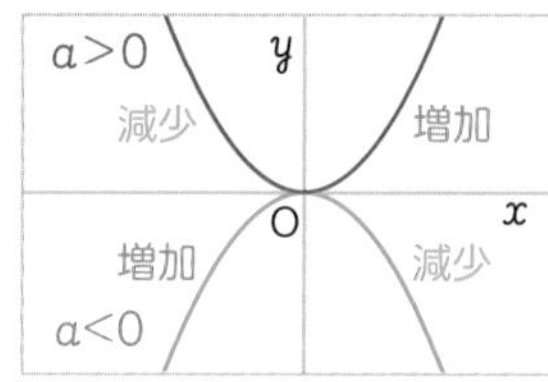

例 関数$y=x^2$において，xの変域が$-1≦x≦2$のときのyの変域を求めましょう。

$x=-1$ のときのyの値は［1］ ←$(-1)^2$

$x=2$ のときのyの値は［4］ ←2^2

xの変域は0を［ふくむ］。

グラフをかくと，右の図のようになります。

よって，yの変域は［$0≦y≦4$］です。

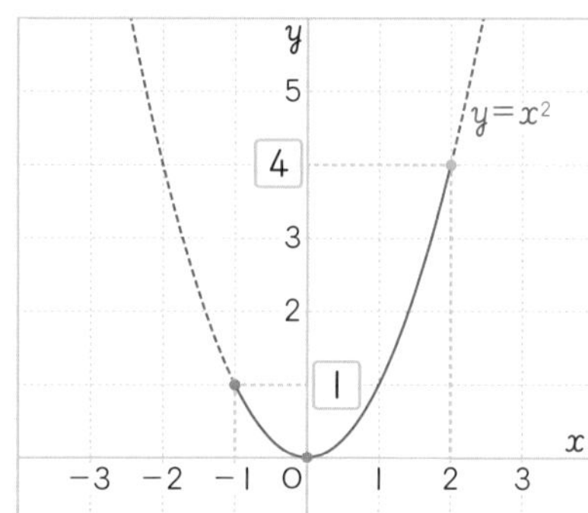

2 変化の割合

関数の変化の割合は$\dfrac{y\text{の増加量}}{x\text{の増加量}}$で求められます。

例 関数$y=2x^2$において，xの値が1から3まで変化するときの変化の割合を求めましょう。

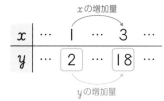

xの値が1のときのyの値は［2］ ←2×1^2

xの値が3のときのyの値は［18］ ←2×3^2

よって，変化の割合は$\dfrac{[18]-[2]}{3-1}=\dfrac{16}{2}=[8]$

xの増加量

x	…	1	…	3	…
y	…	2	…	18	…

yの増加量

解いてみよう！

解答 p.12

1 関数 $y=x^2$ において，x の変域が $-2 \leqq x \leqq 3$ のときの y の変域を求めましょう。

$x=-2$ のときの y の値は □ ← $(-2)^2$

$x=3$ 　のときの y の値は □ ← 3^2

x の変域は 0 を □ 。

グラフをかくと，右の図のようになります。

よって，y の変域は □ です。

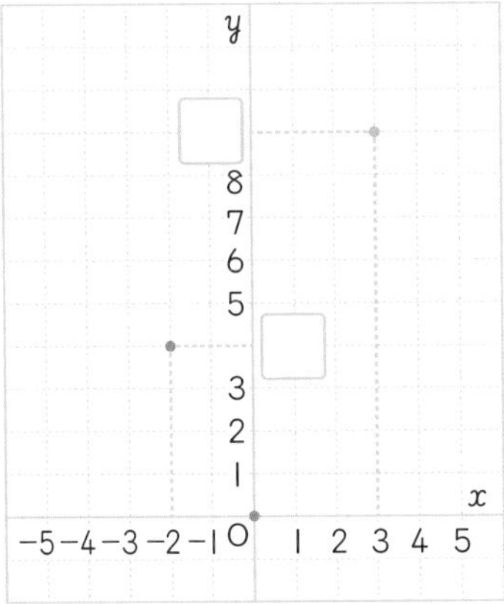

2 関数 $y=x^2$ において，x の値が -3 から -1 まで変化するときの変化の割合を求めましょう。

x の値が -3 のときの y の値は □ ← $(-3)^2$

x の値が -1 のときの y の値は □ ← $(-1)^2$

x の増加量

x	…	-3	…	-1	…
y	…	□	…	□	…

y の増加量

よって，変化の割合は $\dfrac{\square - \square}{(-1)-(-3)} = \dfrac{-8}{2} = \square$

これで カンペキ 関数 $y=ax^2$ における変化の割合

- 関数 $y=ax^2$ における変化の割合の公式

　x が p から q まで増加するときの変化の割合は，$a(p+q)$ となる。

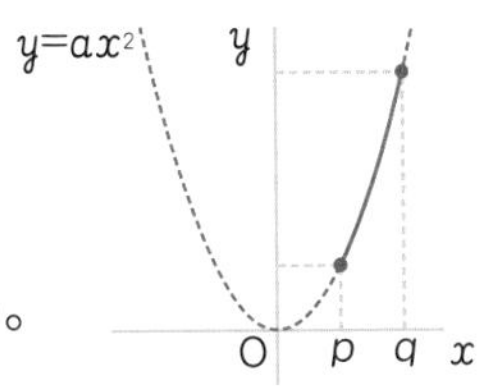

ステージ 29

いろいろな関数

いろいろな関数を使って問題を考えよう！

関数 $y=ax^2$ を利用したり，式や表，グラフを作ったりして解きます。

1 関数 $y=ax^2$ の利用

自動車がブレーキをかけてから止まるまでに走行した距離（きょり）を制動（せいどう）距離といいます。制動距離は，速さの２乗に比例することがわかっています。

例 時速 $x$km で走る車の制動距離を ym とすると，$y=0.006x^2$ が成り立ちます。次の問いに答えましょう。

(1) 時速40km で走る車の制動距離は何 m ですか。

$y=0.006x^2$ に $x=$ [40] を代入すると，

$y=0.006\times$ [40] $^2=0.006\times1600=$ [9.6]　よって，答えは，[9.6] m

(2) 制動距離が38.4m となるのは，速さが時速何 km のときですか。

$y=0.006x^2$ に $y=$ [38.4] を代入すると，[38.4] $=0.006\times x^2$

$x^2=$ [6400]　$x>0$ なので $x=$ [80]　よって，答えは，時速 [80] km

2 いろいろな関数

駐車場やタクシーの運賃のように段階的に変わる場合は，階段状のグラフになります。

例 ある駐車場の料金は，最初の１時間使用までは300円，以降は１時間使用ごとに100円の料金が追加されます。
２時間20分の使用では，料金は何円になりますか。

使用する時間を x 時間，料金を y 円とすると，x，y の関係は，下のようになります。

$0<x\leqq1$ のとき，$y=$ [300]　$1<x\leqq2$ のとき，$y=$ [400]

$2<x\leqq3$ のとき，$y=$ [500]

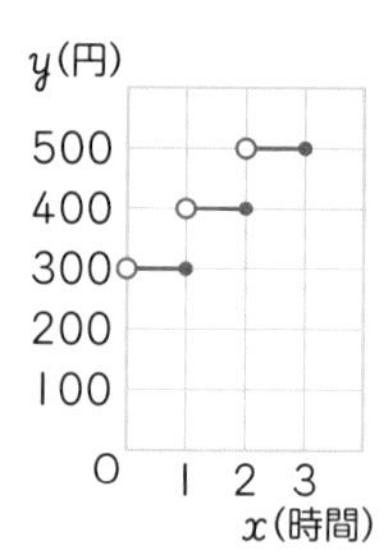

グラフから，２時間20分使用した料金は [500] 円です。

解いてみよう！

解答 p.12

1 時速 x km で走る車の制動距離を y m とすると，$y=0.006x^2$ が成り立ちます。次の問いに答えましょう。

(1) 時速50kmで走る車の制動距離は何mですか。

$y=0.006x^2$ に $x=$ □ を代入すると，

$y=0.006\times$ □ $^2=0.006\times2500=$ □　　よって，答えは，□ m

(2) 制動距離が 21.6m となるのは，速さが時速何kmのときですか。

$y=0.006x^2$ に $y=$ □ を代入すると，□ $=0.006\times x^2$

$x^2=$ □　　$x>0$ なので $x=$ □　　よって，答えは，時速 □ km

2 ある駐車場の料金は，最初の２時間使用までは400円，以降は１時間使用ごとに100円の料金が追加されます。
4時間50分の使用では，料金は何円になりますか。

使用する時間を x 時間，料金を y 円とすると，x，y の関係は，下のようになります。

$0<x\leqq2$ のとき，$y=$ □　　$2<x\leqq3$ のとき，$y=$ □

$3<x\leqq4$ のとき，$y=$ □　　$4<x\leqq5$ のとき，$y=$ □

グラフから，4時間50分使用した料金は □ 円です。

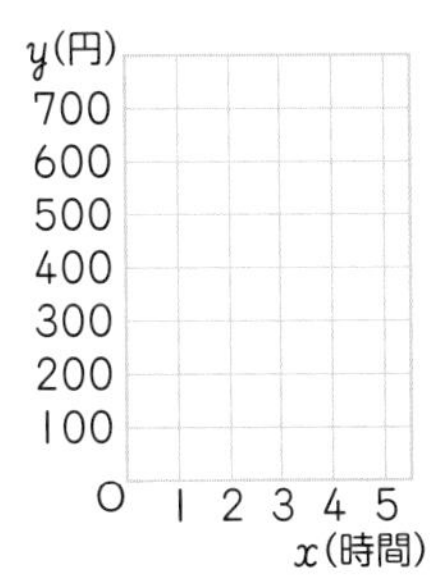

これで
カンペキ 駐車場の料金と似たしくみは？

タクシーの走った距離（x km）と運賃（y 円）などは上の駐車場とよく似たしくみで料金が決まります。一方，時間（x 分）と水槽（すいそう）にたまる水の深さ（y cm）の関係などは，水槽の形状によってさまざまな想定ができます。それぞれ，表にまとめてグラフをかいてみるとわかりやすくなります。

確認テスト

解答 p.13

/100点

1 次の問いに答えましょう。(10点×2)　ステージ 26

(1) 直径が x cmの円の面積を y cm^2 とするとき，y を x の式で表しましょう。

(2) 底辺が $2x$ cm，高さが $3x$ cmの三角形の面積を y cm^2 とするとき，y を x の式で表しましょう。

2 y が x の2乗に比例し，$x=3$ のときに $y=9$ となるとき，y を x の式で表しましょう。(10点)　ステージ 26

3 次の表をうめ，関数 $y=3x^2$ のグラフをかきなさい。(12点×2)　ステージ 27

x	−3	−2	−1	0	1	2	3
y							

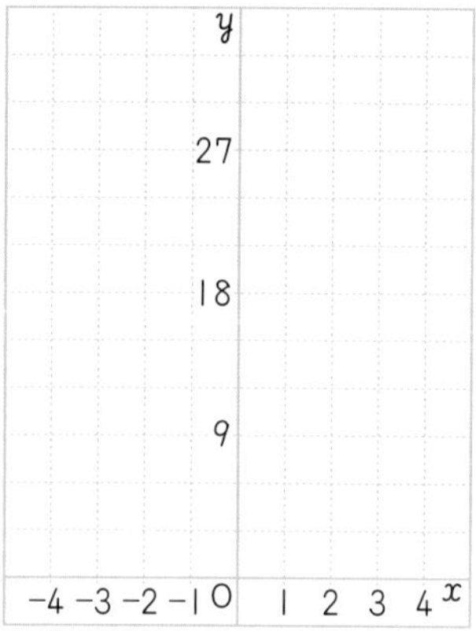

4 関数$y=-\frac{1}{2}x^2$において，次の問いに答えましょう。(13点×2)　ステージ 28

(1) xの変域が$-2 \leqq x \leqq 4$のとき，yの変域を求めましょう。

(2) xの値が2から4まで変化するときの変化の割合を求めましょう。

5 物体が地面と垂直に落下するとき，落ち始めからx秒後の落下した距離(きょり)ymは，$y=4.9x^2$と表されます。ただし，空気による摩擦(まさつ)や抵抗(ていこう)はないものとします。
(10点×2)　ステージ 29

(1) 落ち始めてから3秒後には何m落ちますか。

(2) 490mの高さから物体が落下した場合，何秒後に地上に到達しますか。

数魔小太郎からの挑戦状

解答 p.13

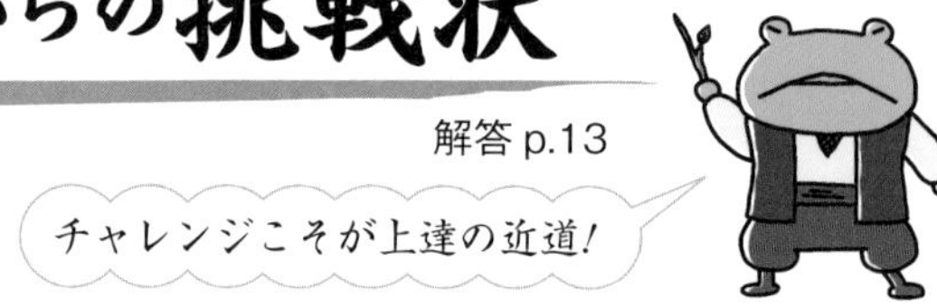

問題

増太郎（ますたろう）と数々丸（すすまる）は，１辺10mの正方形の土地ABCDに布をかぶせて隠（かく）す練習をしています。

増太郎は，AからBに向かい，布の一端（いったん）を持って秒速2mで進みます。数々丸は，増太郎と同時にAからDに向かい，布の別の一端を持って秒速1mで進みます。

スタートしてからの時間をx秒，布でおおわれる土地の面積をym^{2}とするとき，次の問いに答えましょう。

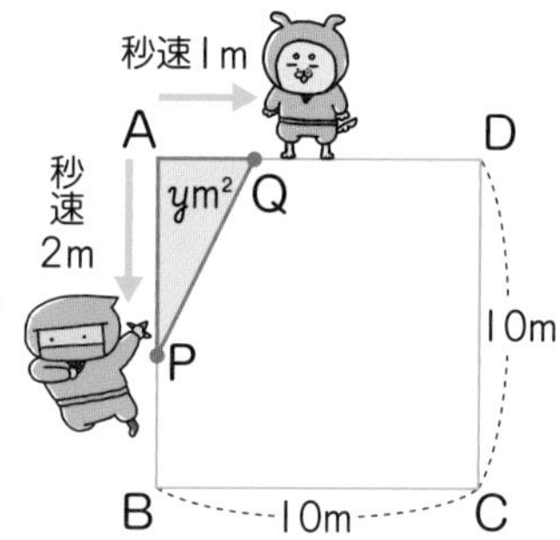

増太郎がAB上を走るとき，xの変域とともにyをxの式で表しましょう。

答え　増太郎の位置をP，数々丸の位置をQとします。

yは，△①＿＿＿＿＿＿の面積になります。

APは②＿＿＿＿m，AQは③＿＿＿＿mとなるため，

三角形の面積 $y=\frac{1}{2}\times AP\times AQ$ に値を代入します。

$y=\frac{1}{2}\times$②＿＿＿＿$\times$③＿＿＿＿$=x^2$　　$y=$④＿＿＿＿

また，増太郎はABを秒速2mで進むため，Bに着くまでの時間は

$10\div2=5$(秒)　　xの変域は，⑤＿＿＿＿＿＿

よって，$y=$④＿＿＿＿　（⑤＿＿＿＿＿＿）

xの変域をわすれずに調べるのじゃ。

「放物線の巻」伝授!

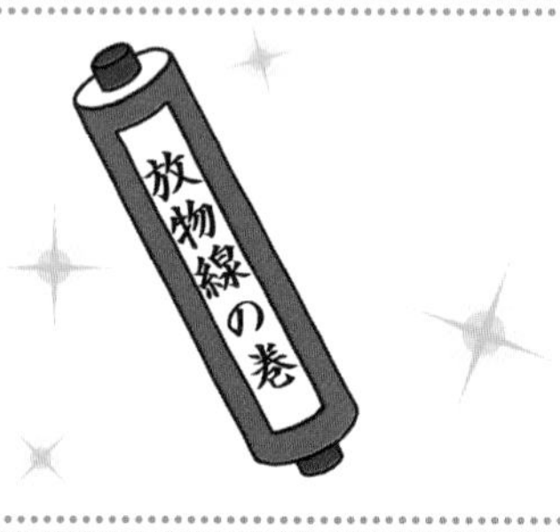

次は相似の巻を見つけよう

5章 相似な図形

次の修業の場は「相似の砂漠」。

同じ形をしたたくさんの砂山に囲まれている。

この中から「相似の巻」を見つけ出すのは至難の業だ。

算術上忍になるためには，対応する部分を見出す冷静さが必要不可欠となる。

精神を研ぎすまし，「相似の巻」を手に入れろ！

ステージ 30

相似な図形の性質

相似な図形の性質について理解しよう!

1つの図形を，拡大または縮小した図形は，もとの図形と相似(そうじ)であるといいます。
相似な2つの図形で，対応する線分の長さの比(ひ)を相似比(そうじひ)といいます。

1 相似な図形の性質

三角形ABCと三角形DEFが相似であるとき，
△ABC∽△DEFと表します。 ←相似記号
相似な図形では，対応する線分の長さの比はすべて等しく，
対応する角の大きさはそれぞれ等しくなります。

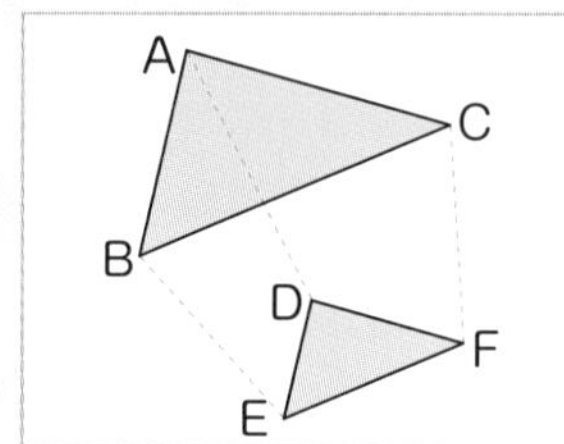

例 右の図で アとイは相似です。また，ウはイを裏返したものです。
このとき アとイ，アとウ の関係を記号を使って表しましょう。

△ABC(ア) ∽ [△DEF] イ

△ABC(ア) ∽ [△GIH] ウ

↑角Bと角Iが対応しているので
この順番になります

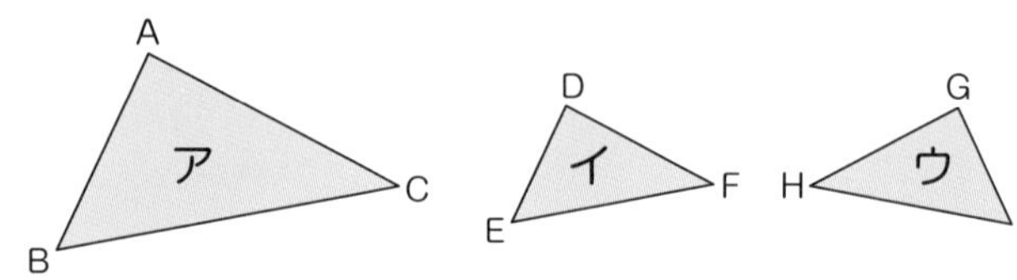

2 相似比

相似な図形で対応する線分の長さの
比を相似比といいます。
右の図の△ABCと△DEFの相似比
は1：2となります。

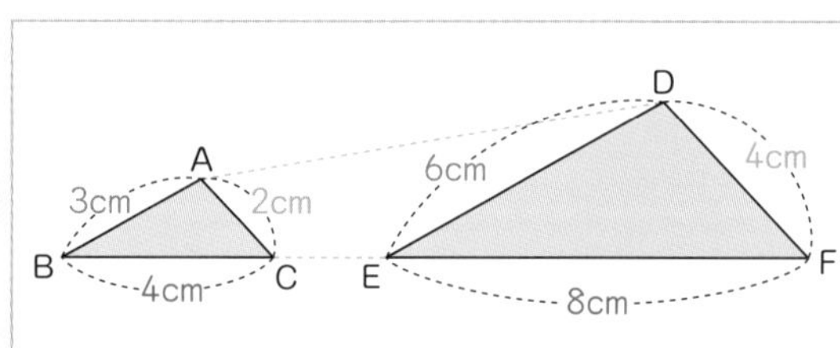

例 右の図で△ABC∽△DEFのとき，次の辺
の長さの比と，相似比を求めましょう。

AB：DE = [6] : [4] = [3] : [2]

CA：FD = [9] : [6] = [3] : [2]

相似比は [3] : [2]

△ABCと△DEFの
対応する辺の長さを
比べましょう。

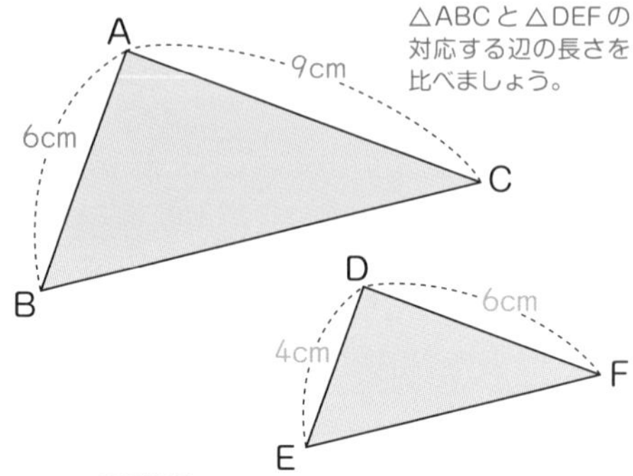

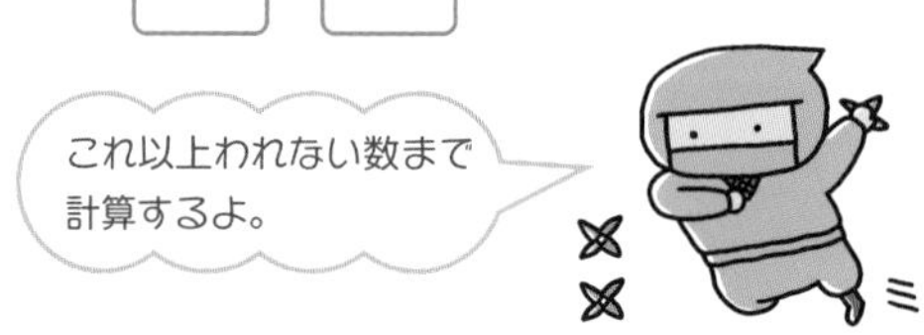

これ以上われない数まで
計算するよ。

解いてみよう！

解答 p.14

1 右の図で アとイは相似です。また，ウはイを裏返したもので，アとウも相似になります。このとき △ABC と相似な三角形を相似記号 ∽ を使って表しましょう。

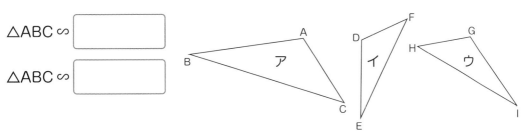

△ABC ∽ [　　　]

△ABC ∽ [　　　]

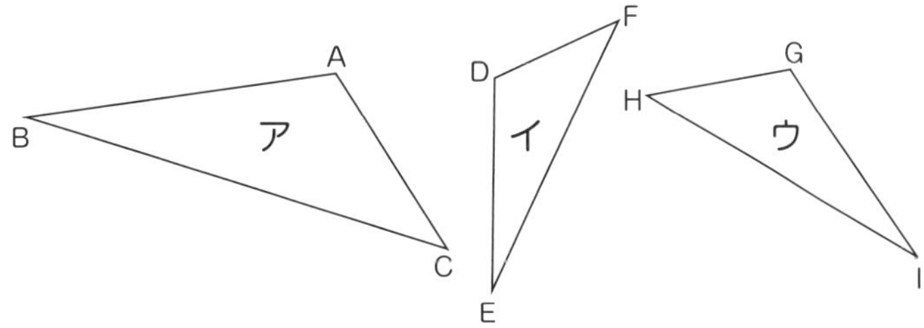

2 右の図で２つの図形がそれぞれ相似であるとき，辺の長さの比と相似比を求めましょう。

(1) △ABC ∽ △DEF

AB：DE ＝ [　] ： [　] ＝ [　] ： 1

BC：EF ＝ [　] ： [　] ＝ [　] ： 1

相似比は [　] ： 1

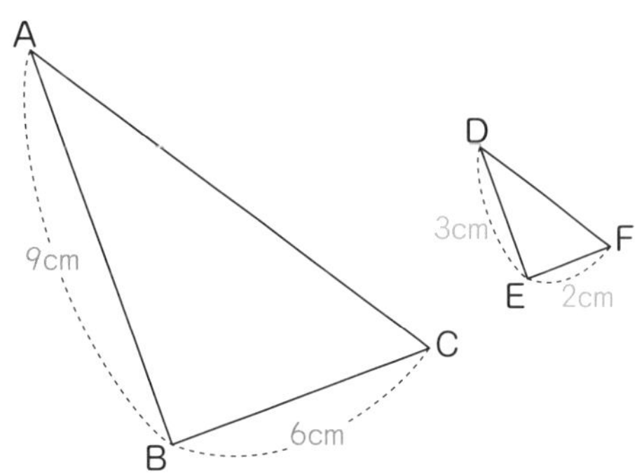

(2) 四角形ABCD ∽ 四角形EFGH

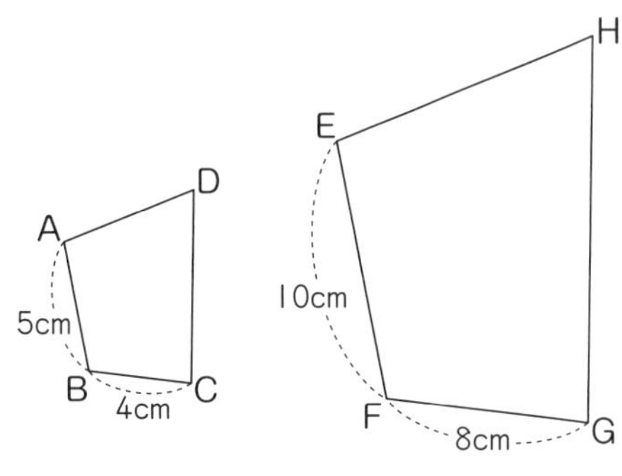

これで **カンペキ** 円の相似

大きさのちがう円はいつでも相似になります。相似比は円の半径の比に等しくなります。

右の図で 円Oと 円O′は相似で，その相似比は r : r' となります。

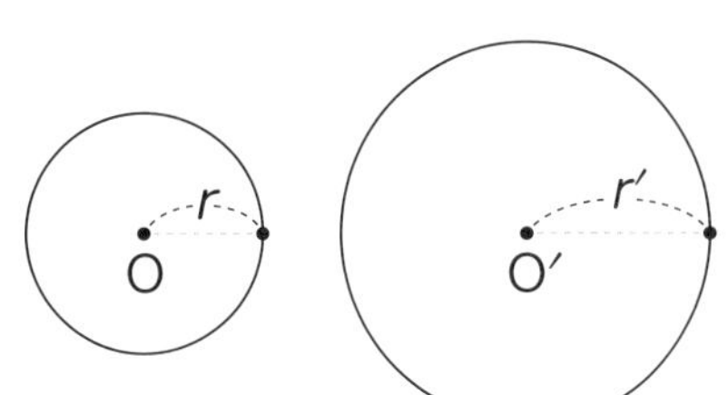

ステージ 31

相似な図形の辺の長さ

相似な図形の辺の長さを求めてみよう！

相似な図形の対応する線分の長さの比は等しいので，比を使って辺の長さを求めます。

1 相似な図形の辺の長さの求めかた

△ABC∽△DEFのとき，対応する辺の長さの比は等しいので，辺BCの長さは，AB：DE＝BC：EFを使って求めます。

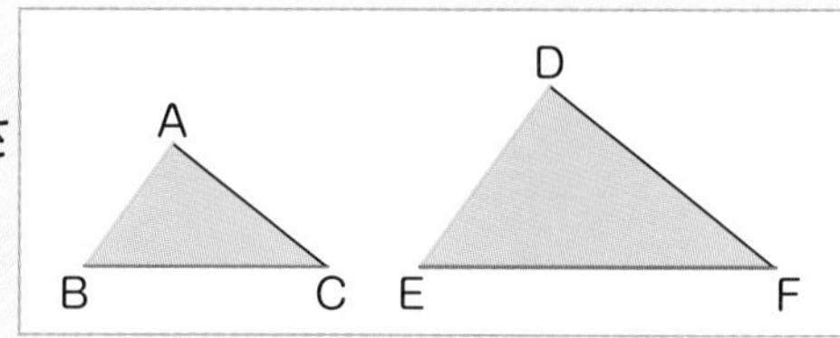

例 次の図において２つの図形が相似であるとき，xの値を求めましょう。

(1) △ABC∽△DEFなので，対応する辺の比からAB：DE＝AC：DF

$2 : 6 = 3 : x$

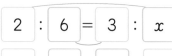

$2 \times x = 6 \times 3$ ←比例式の計算 $a:b=m:n$ ならば $a\times n=b\times m$

$x = 18 \times \frac{1}{2} = 9$

△ABC∽△DEF

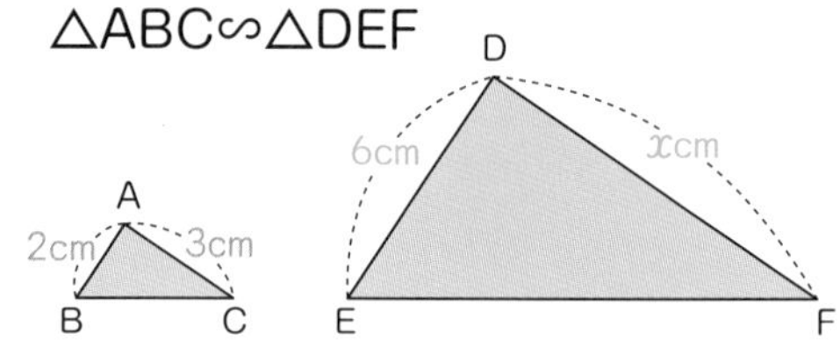

(2) 四角形ABCD∽四角形EFGHなので，対応する辺の比からAB：EF＝BC：FG

$4 : 8 = 5 : x$

$4 \times x = 8 \times 5$ ←比例式の計算 $a:b=m:n$ ならば $a\times n=b\times m$

$x = 40 \times \frac{1}{4} = 10$

四角形ABCD∽四角形EFGH

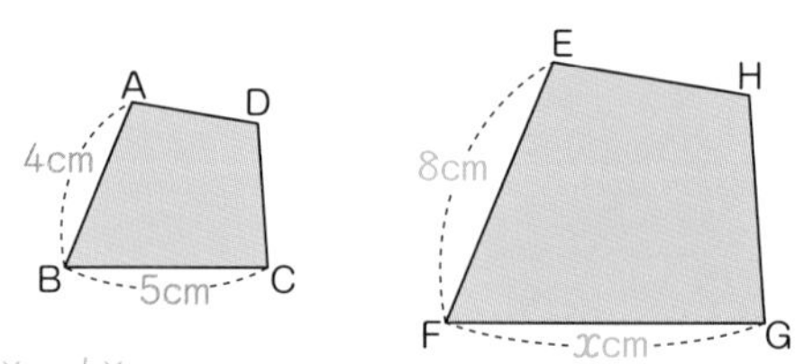

(3) △ABC∽△FDEなので，対応する辺の比からAB：FD＝AC：FE

$2 : 8 = 4 : x$

$2 \times x = 8 \times 4$ ←比例式の計算 $a:b=m:n$ ならば $a\times n=b\times m$

$x = 32 \times \frac{1}{2} = 16$

△ABC∽△FDE

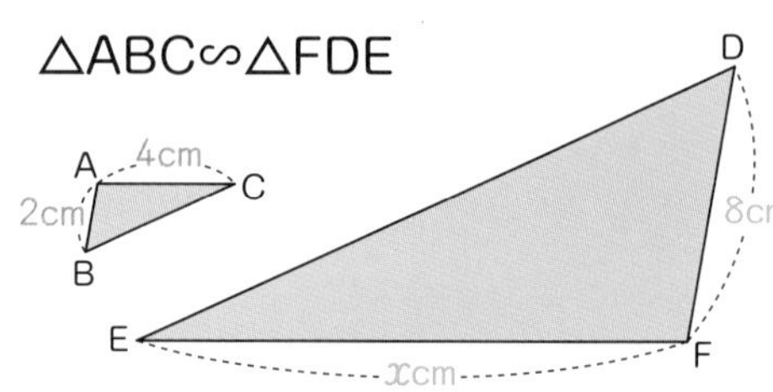

解いてみよう！

解答 p.14

1 次の図において２つの図形が相似であるとき，xの値を求めましょう。

(1) △ABC∽△DEFなので，対応する辺の比から

AB：DE＝BC：EF

□：□＝□：□

□×□＝□×□

x＝□×□＝□

△ABC∽△DEF

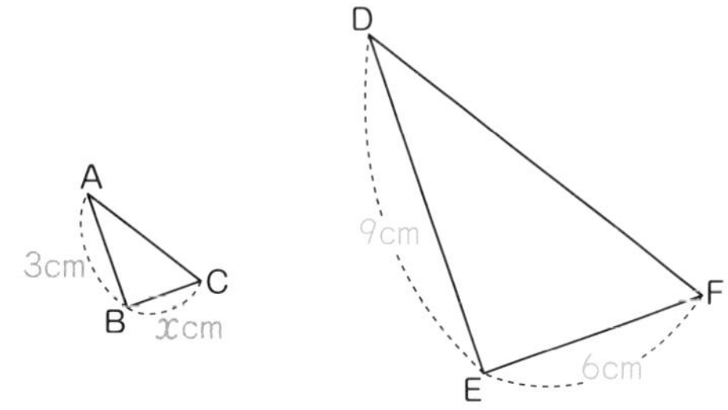

(2)

四角形ABCD∽四角形EFGH

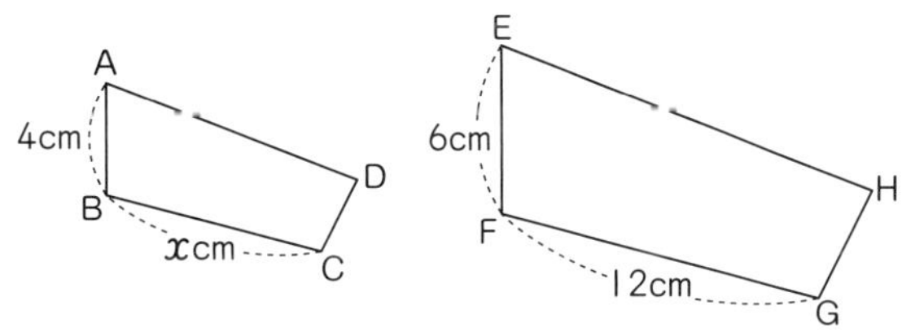

(3)

△ABC∽△EFD

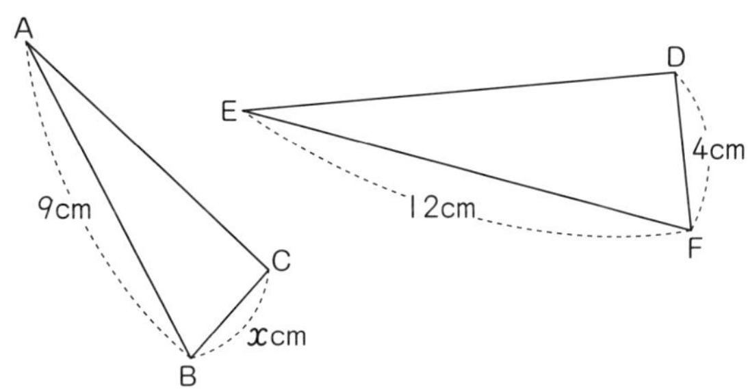

これでカンペキ となり合う２辺の比でも式をたてられる？

相似な図形で，となり合う２辺の比について式をたてても辺の長さを求めることができます。

$a:c=b:d$ ならば $a:b=c:d$

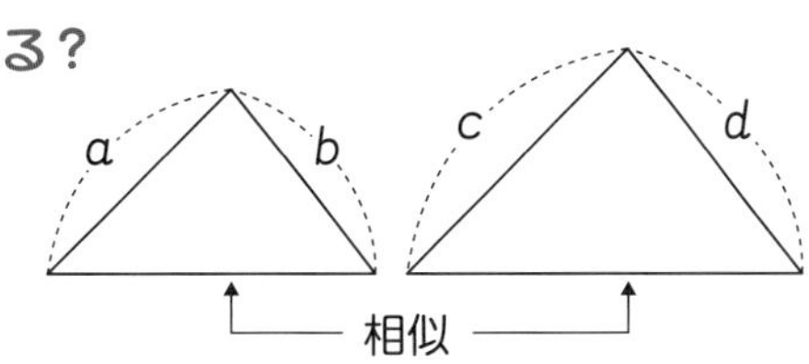

ステージ 32

相似条件

相似条件を使って相似な図形を求めてみよう！

2つの三角形が相似であるかどうかは，三角形の相似条件を使って判断します。

1 三角形の相似条件

2つの三角形で，次の条件のどれかが成り立てば，2つの三角形は相似です。

1 3組の辺の比がすべて等しい

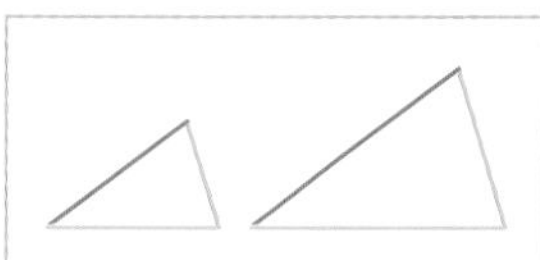

2 2組の辺の比とその間の角がそれぞれ等しい

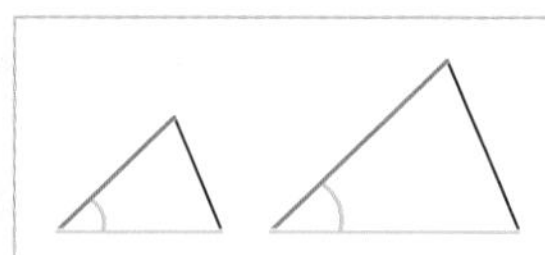

3 2組の角がそれぞれ等しい

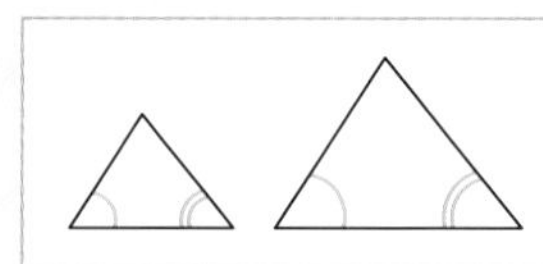

例 次の図の三角形を，相似な三角形の組に分け，記号∽を使って表しましょう。また，そのときに使った相似条件を答えましょう。

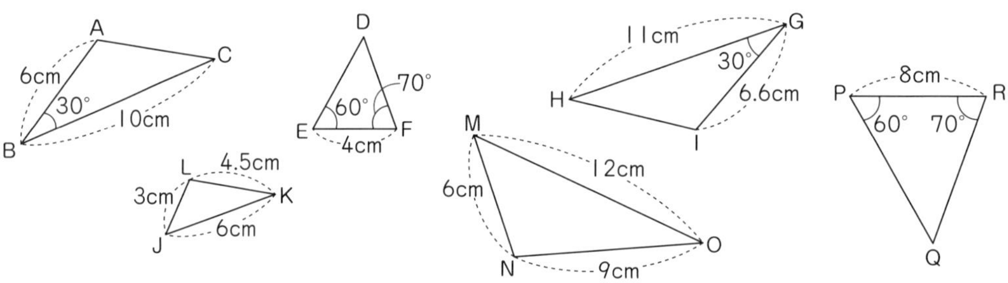

① △ABC∽△IGH 相似条件 2組の辺の比とその間の角がそれぞれ等しい

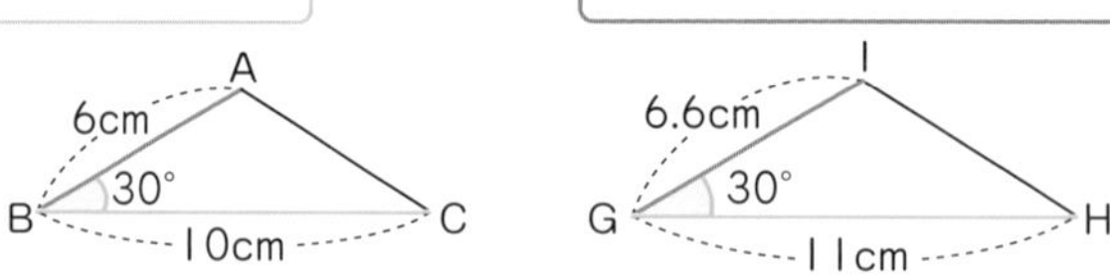

② △DEF∽△QPR 相似条件 2組の角がそれぞれ等しい

③ △JKL∽△MON 相似条件 3組の辺の比がすべて等しい

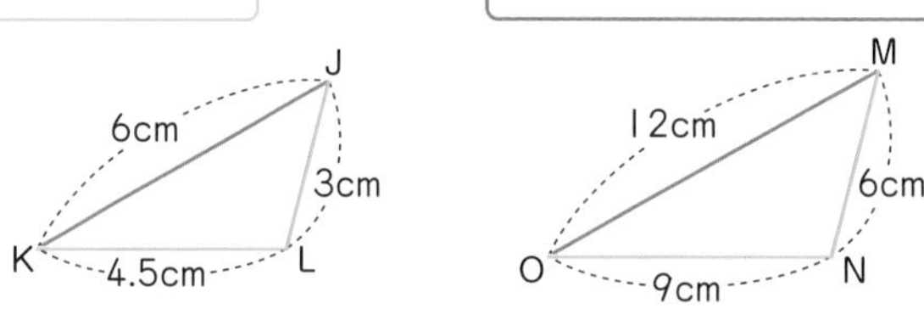

比が等しい辺の組や
等しい角を探そう！

解いてみよう！

解答 p.14

1 次の図の三角形を，相似な三角形の組に分け，記号∽を使って表しましょう。また，そのときに使った相似条件を答えましょう。

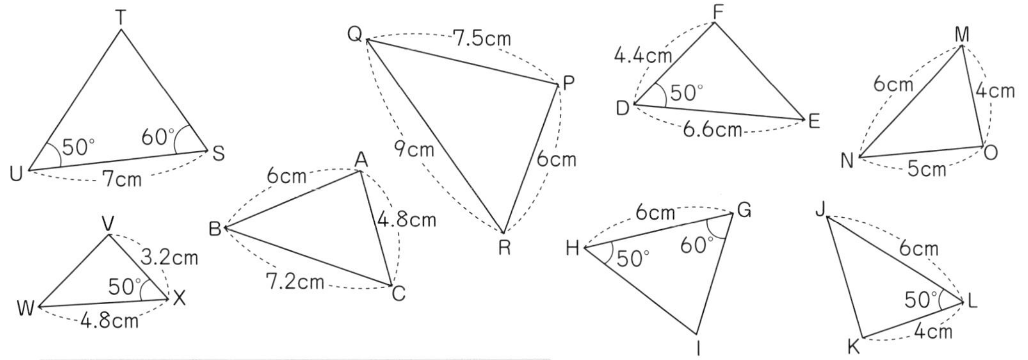

①

相似条件

②

相似条件

③

相似条件

ステージ 33

相似であることの証明

2つの図形が相似であることを証明しよう!

三角形の相似の証明(しょうめい)では，2つの三角形の角の大きさや辺の長さの比を比べて，相似条件のうち，どれが使えるかを考えます。

1 三角形の相似の証明

仮定 与えられた条件 → 相似条件を根拠(こんきょ)に導く → 結論 証明すべきこと

例 次のことを証明しましょう。

(1) 右の図において △ABC∽△DBA

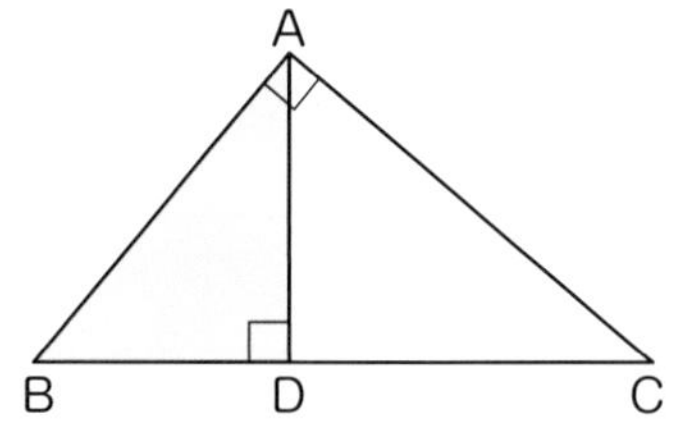

（仮定） ∠BAC＝90°，垂線(すいせん)ADは辺BCと垂直(すいちょく)に交わるので∠ BDA ＝90°

（証明） △ABCと△ DBA において，

仮定より ∠BAC＝∠ BDA ＝90° …①　∠ B は共通である。…②

①，②より，2組の角がそれぞれ等しいので，（相似条件）

（結論） △ABC∽△ DBA が成り立つ。

(2) 右の図において △ABC∽△BDC

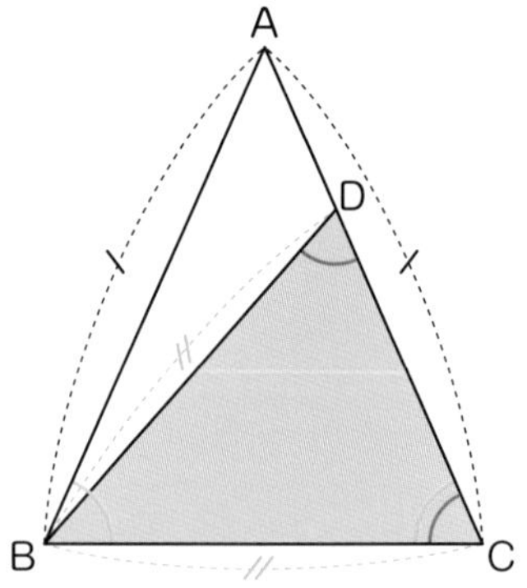

△ABCは
AB＝ACの二等辺三角形，
BC＝BD

（仮定） AB=AC，BC=BD

（証明） △ABCと△ BDC において，

AB=ACなので ∠ABC=∠ ACB …①

BC=BDなので ∠ACB=∠ BDC …②

①，②より，∠ABC=∠ BDC …③

また，∠ C は共通である。…④

③，④から，2組の角がそれぞれ等しいので，（相似条件）

（結論） △ABC∽△ BDC が成り立つ。

解いてみよう！

解答 p.14

1 次のことを証明しましょう。

(1) 右の図において △ABC∽△DAC

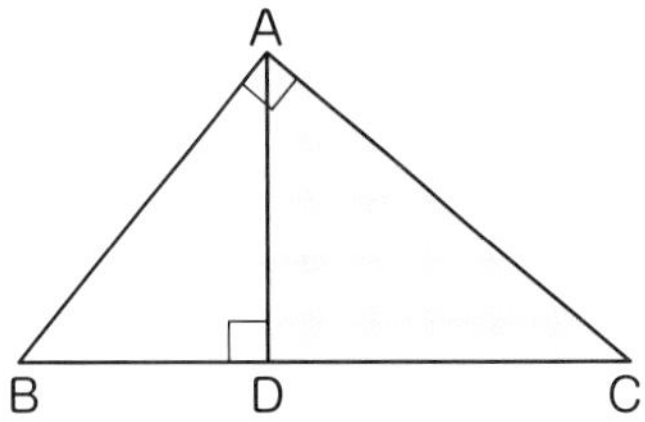

∠A=90°，
線分ADは点Aから
辺BCにひいた垂線

（仮定） ∠BAC=90°，垂線ADは辺BCと垂直に交わるので ∠[　　]=90°

（証明） △ABCと△[　　]において，

仮定より ∠BAC=∠[　　]=90° …①

∠[　　]は共通である。…②

①，②より，2組の角がそれぞれ等しいので，（相似条件）

（結論） △ABC∽△[　　]が成り立つ。

(2) 右の図において △ABC∽△CBD

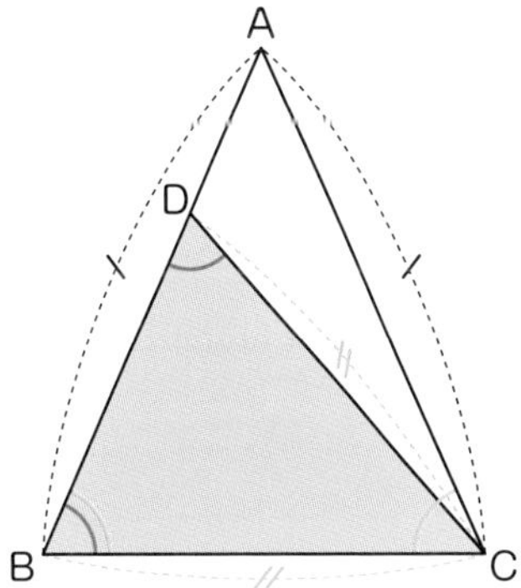

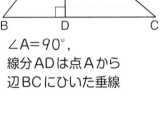

△ABCは
AB=ACの二等辺三角形，
CB=CD

（仮定） AB=AC，CB=CD

（証明） △ABCと△[　　]において，

AB=ACなので ∠ABC=∠[　　] …①

CB=CDなので ∠CBD=∠[　　] …②

∠CBD=∠ABCであるから ①，②より，

∠ACB=∠[　　] …③　また，∠[　　]は共通である。…④

③，④から，2組の角がそれぞれ等しいので，（相似条件）

（結論） △ABC∽△[　　]が成り立つ。

これでカンペキ 三角形の性質

- 二等辺三角形(にとうへんさんかくけい)… 2つの辺の長さが等しい，2つの底角(ていかく)が等しい，頂角(ちょうかく)の二等分線は底辺を垂直に2等分する
- 正三角形… 3つの辺，3つの内角(ないかく)は等しい

ステージ 34

相似の利用

相似を利用して長さを求めよう！

相似な図形の性質を利用すれば，直接測ることのできない距離（きょり）や高さを縮図を使って求められます。

1 縮図の利用

直接測ることのできない距離や高さを調べるとき，相似な三角形を利用します。測定できる長さや角度を測り，それをもとに縮図をかいて求めます。

例　右の図で池をはさんだ２地点A，B間の距離を求めます。地点A，Bが見える地点Cに立ち，CA，CBの長さを測るとCA＝40m，CB＝25m，∠ACB＝60°でした。

このとき縮図をかいて，A，B間のおよその距離を求めましょう。

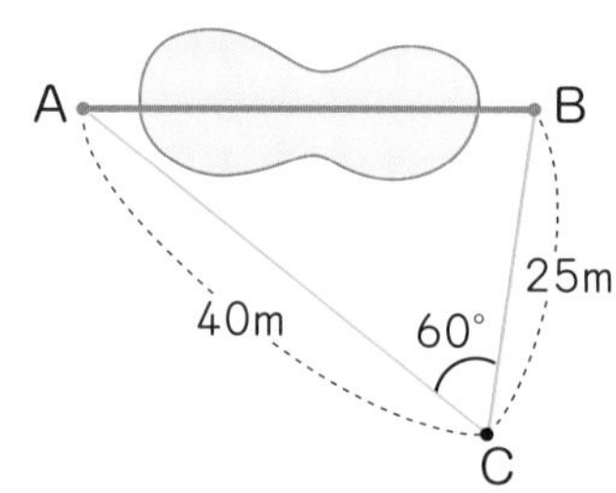

① 縮図をかくために，まず相似比を決めて各線分の長さを計算します。ここでは相似比を 1000：1 にします。

A′C′＝ 4000 ÷1000＝ 4
（cm）

B′C′＝ 2500 ÷1000＝ 2.5
（cm）

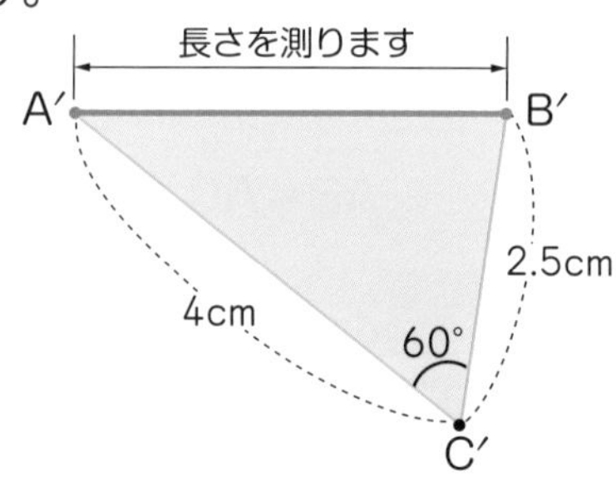

作図　点C′をとり，60°を測り，

A′C′＝ 4 cm，B′C′＝ 2.5 cmになるように

点A′，B′をとり三角形を作図します。

② 作図した縮図からA′B′の長さを測ります。

A′B′＝ 3.5 cm

AB＝ 3.5 ×1000＝ 3500 （cm）　　ABはおよそ 35 m

↑cmからmにもどします

解いてみよう！

解答 p.15

1 右の図で池をはさんだ２地点A，B間の距離を求めます。地点A，Bが見える地点Cに立ち，CA，CBの長さを測るとCA＝120m，CB＝100m，∠ACB＝36°でした。

このとき縮図をかいて，A，B間のおよその距離を求めましょう。

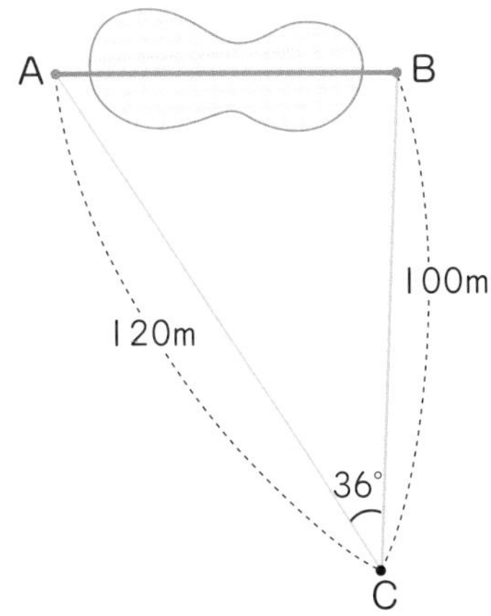

① 縮図をかくために，まず相似比を決めて各線分の長さを計算します。
ここでは相似比を 1000：1 にします。

A′C′＝［　　　　］÷1000＝［　　］
cm

B′C′＝［　　　　］÷1000＝［　　］
cm

作図　点C′をとり，36°を測り，
A′C′＝［　　］cm，B′C′＝［　　］cmになるように
点A′，B′をとり△A′B′C′を作図します。

② 作図した縮図からA′B′の長さを測ります。

A′B′＝［　　］cm

AB＝［　　］×1000＝［　　　　］(cm)　　ABはおよそ［　　］m

これでカンペキ　影(かげ)を使った相似の調べ方

高さを調べる問題では影の長さと相似を使って調べることもできます。

太陽が同じ位置のときの人や木などの頂点と，その影の長さの端(はし)を結ぶ三角形は相似の関係にあると考えて求められます。

三角形ⓐⓘⓤは相似になります。

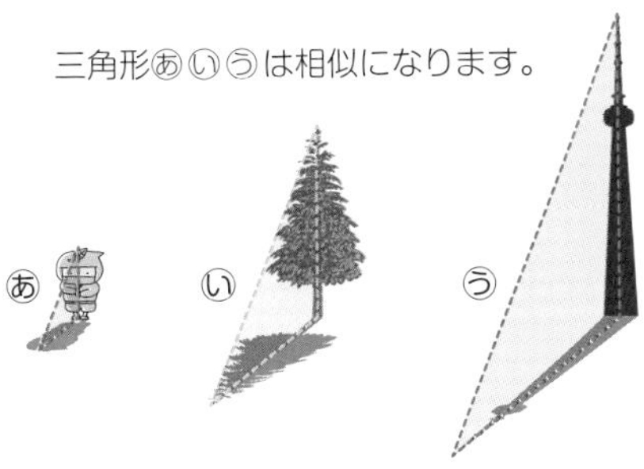

ステージ 35

三角形と比

三角形と比について理解しよう！

三角形の1辺に平行な直線をひいてできる線分の比が等しくなると，三角形の相似条件を使って考えることができます。これを三角形と比の定理といいます。

1 三角形と比の定理

△ABCの辺AB，AC上の点をそれぞれD，Eとするとき

1 DE // BC ならば　AD : AB＝AE : AC＝DE : BC

2 DE // BC ならば　AD : DB＝AE : EC

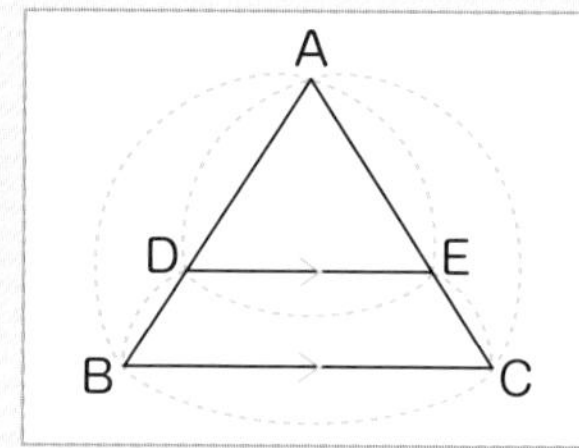

例　右の図△ABCで DE // BCのとき，xの長さを求めましょう。

AE : AC＝DE : BC

4 : (4＋2)＝x : 9

6 x＝36　← 内側の項の積＝外側の項の積

x＝6　　答え 6 cm

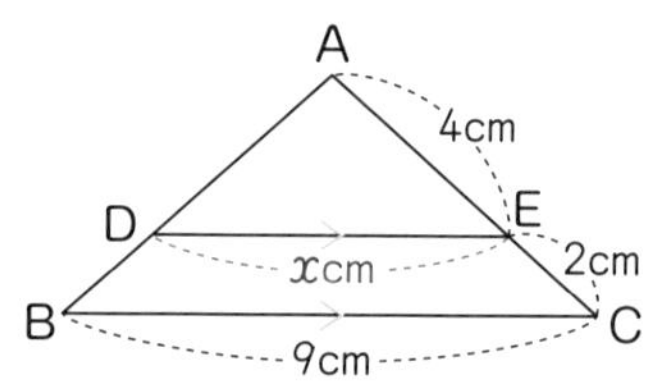

2 中点連結定理

△ABCの2辺 AB，AC の中点をそれぞれ M，Nとすると，

MN // BC，MN＝$\frac{1}{2}$BC が成り立ちます。

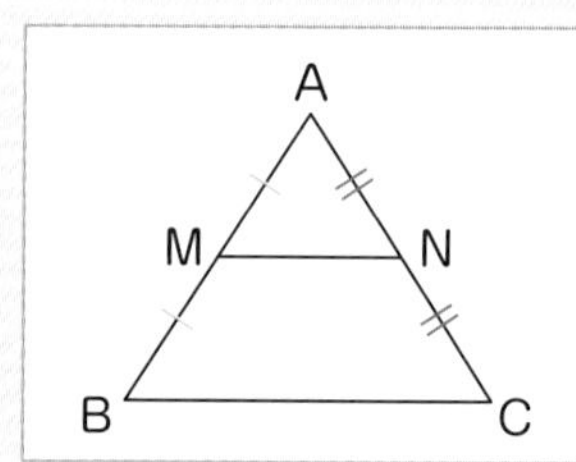

例　右の図の△ABCの各辺の中点を結んでできた△DEF について まわりの長さを求めましょう。

D，E，F は △ABC のそれぞれの辺の中点です。

中点連結定理により

DF＝$\frac{9}{2}$，EF＝$\frac{5}{2}$，DE＝4

$\frac{9}{2}$＋$\frac{5}{2}$＋4＝11　　答え 11 cm

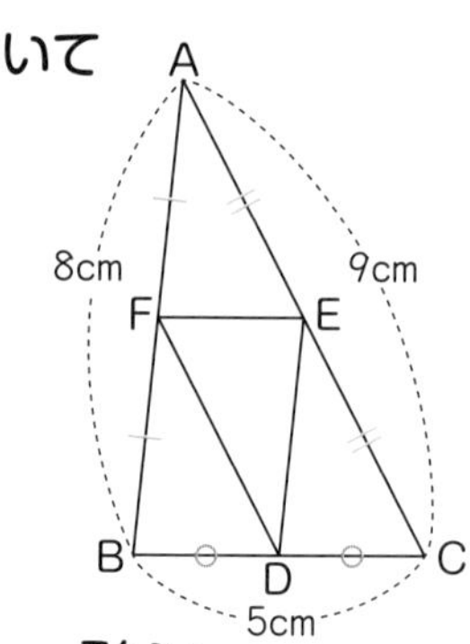

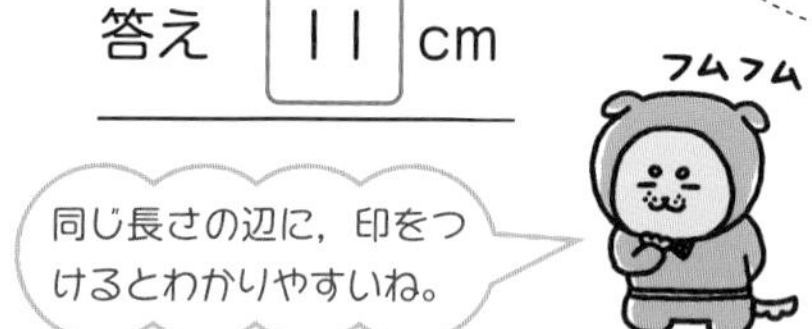

フムフム
同じ長さの辺に，印をつけるとわかりやすいね。

解いてみよう！

解答 p.15

1 右の図の△ABCでDE // BCのとき，x，yの長さを求めましょう。

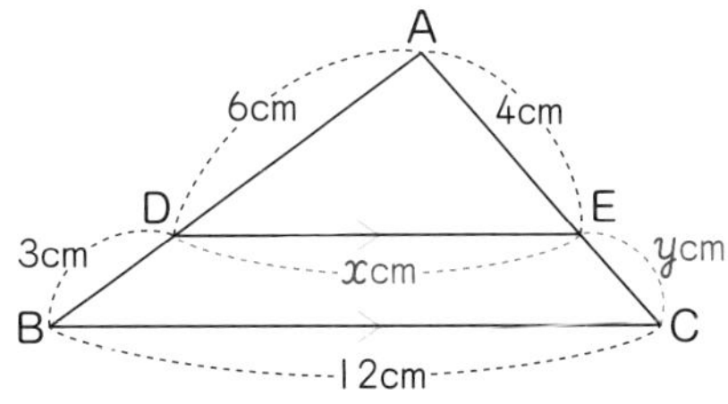

AD：AB＝DE：BC

6：(6＋3)＝x：12

□ x＝□ ←内側の項の積＝外側の項の積

x＝□　　答え □ cm

AD：DB＝AE：EC

6：3＝4：y

□ y＝□ ←外側の項の積＝内側の項の積

y＝□　　答え □ cm

2 右の図の△ABCの各辺の中点を結んでできた△DEFについてまわりの長さを求めましょう。

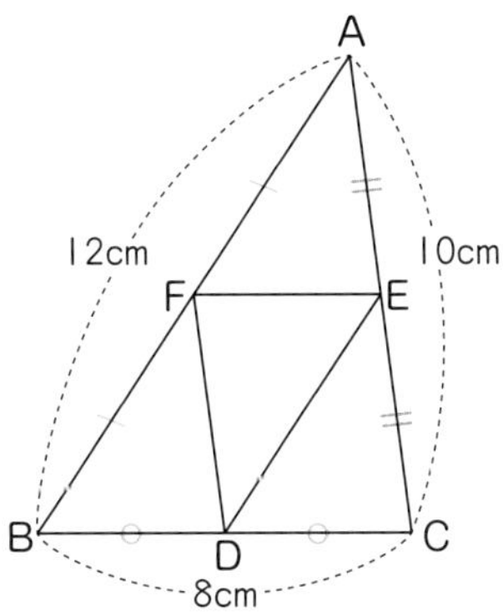

D，E，Fは△ABCのそれぞれの辺の中点です。

中点連結定理により

DE＝12÷2＝□，EF＝8÷2＝□，

FD＝10÷2＝□

□＋□＋□＝□

答え □ cm

これでカンペキ　三角形と比の定理の逆

△ABCの辺AB，AC上の点をそれぞれD，Eとするとき

①AD：AB＝AE：AC ならば DE // BC

②AD：DB＝AE：EC ならば DE // BC

ステージ 36

平行線と比

平行線と比について理解しよう!

2つの直線といくつかの平行な直線が交わるとき，線分の比と相似を用いた，平行線と比の定理が成り立ちます。

1 平行線と比の定理

平行な3つの直線と2つの直線が図のように交わるとき

$a:b=a':b'$　$a:a'=b:b'$

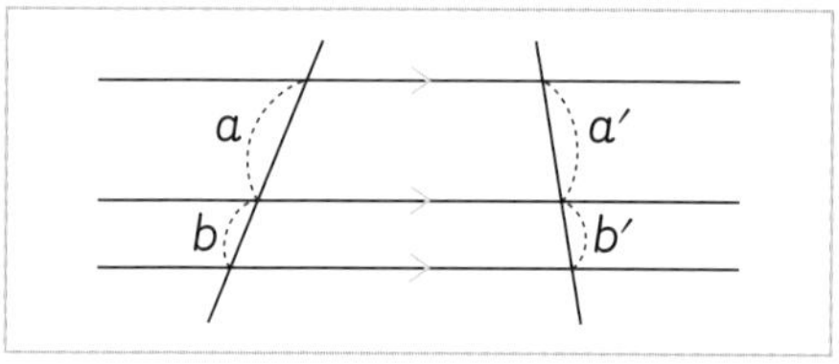

例　右の図で直線 ℓ，m，n が平行なとき，x，y の値を求めましょう。

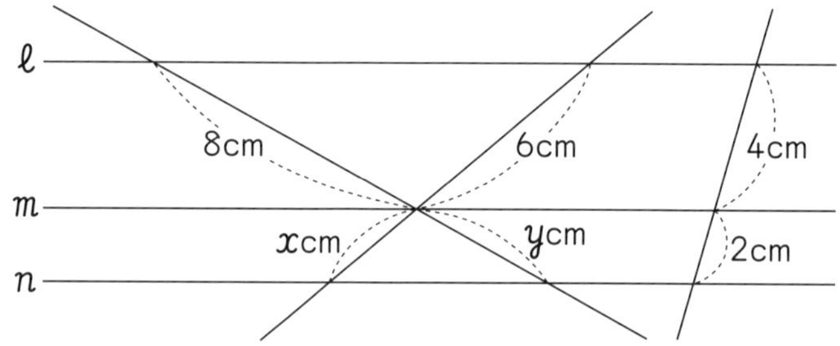

$x:6=$ [2] $:4$

$4x=$ [12] ← 外側の項の積＝内側の項の積

$x=$ [3]

$y:8=2:$ [4]

[4] $y=16$ ← 外側の項の積＝内側の項の積

$y=$ [4]

2 三角形の角の二等分線と辺の比

△ABCで∠BACの二等分線と辺BCとの交点をDとするとAB：AC＝BD：DC となります。

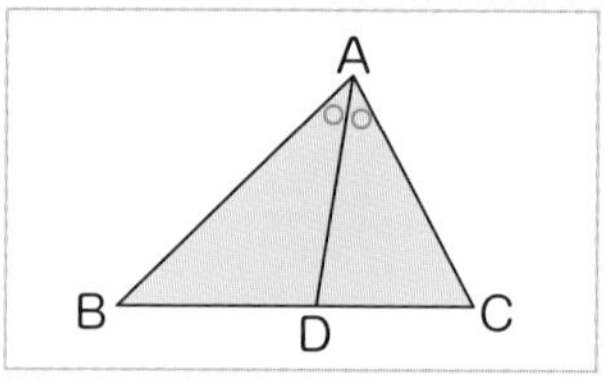

例　右の図の△ABC で線分 AD が∠BACの二等分線であるとき，xの値を求めましょう。

AB：AC＝BD：DC より

$x:$ [3] $=$ [4] $:2$

$2x=$ [12] ← 外側の項の積＝内側の項の積

$x=$ [6]

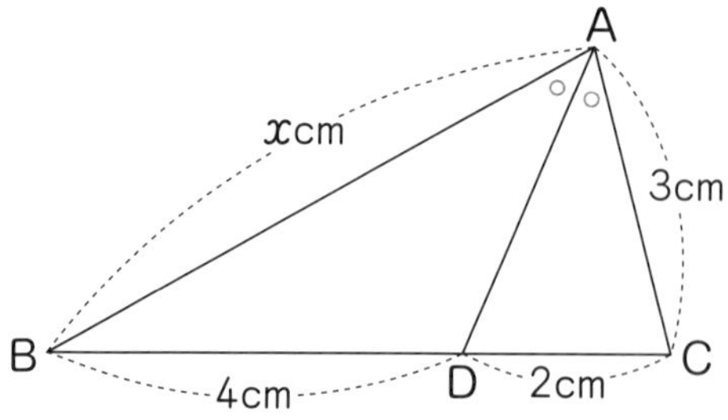

解いてみよう！

解答 p.15

1 次の図で直線 ℓ，m，n が平行なとき，x，y の値を求めましょう。

(1)

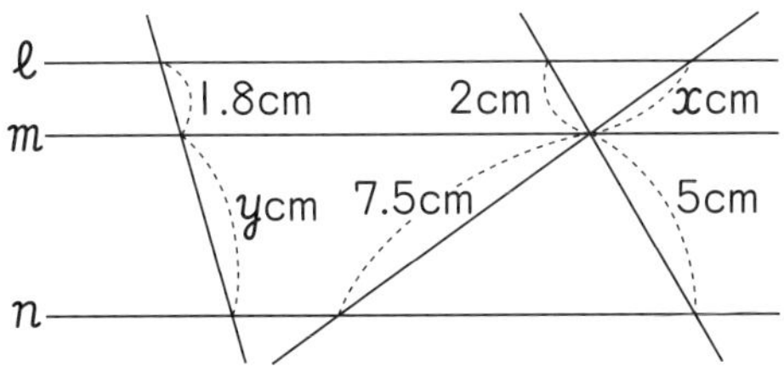

(2)

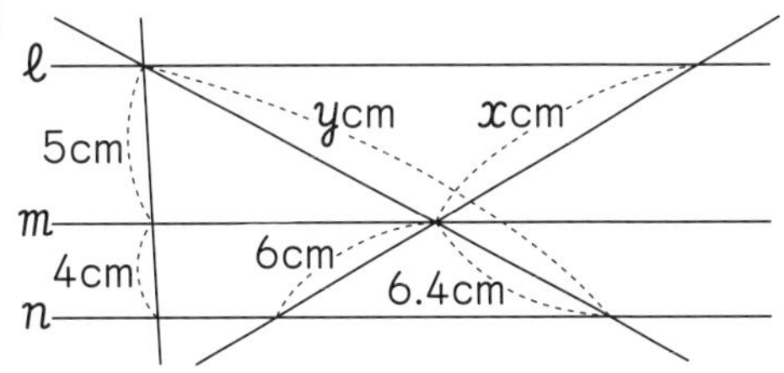

$x : 7.5 =$ [ ] $: 5$

$5x =$ [ ] ← 外側の項の積＝内側の項の積

$x =$ [ ]

$y : 1.8 = 5 :$ [ ]

[ ] $y = 9$ ← 外側の項の積＝内側の項の積

$y =$ [ ]

2 次の図の△ABCで線分ADが∠BACの二等分線であるとき，xの値を求めましょう。

(1)

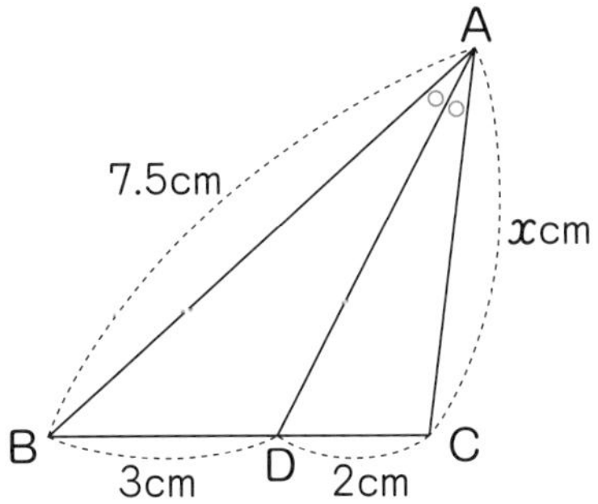

(2)

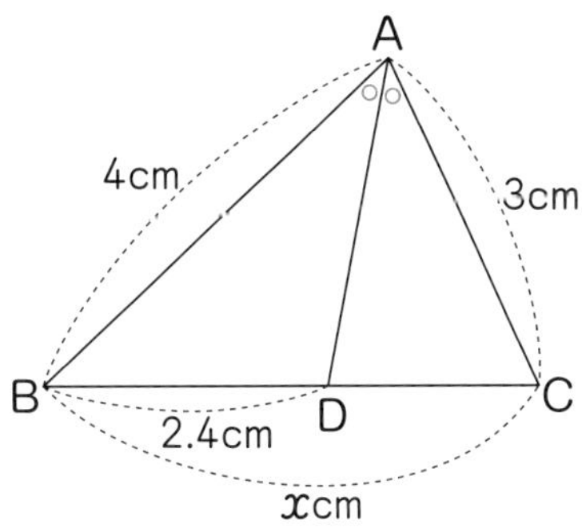

[ ] $: x = 3 :$ [ ]

$3x =$ [ ] ← 内側の項の積＝外側の項の積

$x =$ [ ]

ステージ 37

相似な図形の面積と体積

相似な図形と立体を考えよう！

相似比が $m:n$ の相似な図形では，面積比 $m^2:n^2$，体積比 $m^3:n^3$ となります。

1 面積比

相似な平面図形では，周の長さの比は相似比と等しくなり，面積比は相似比の２乗に等しくなります。

相似比が $m:n$ ならば，
周の長さの比は $m:n$
面積比は $m^2:n^2$

例　△ABC と △A′B′C′ は相似です。次の問いに答えましょう。

(1)　相似比が 1：2で，△ABCの面積が 10cm² であるとき，△A′B′C′ の面積を求めましょう。

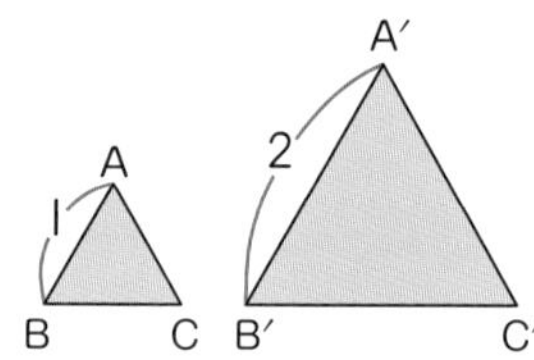

△A′B′C′の面積を x とおくと

$1^2:2^2=$ [10] $:x$　　$x=$ [40]　　答え [40] cm²

(2)　周の長さが △ABCは 18cm，△A′B′C′ は 24cm，△ABC の面積が 9cm² のとき，△A′B′C′ の面積を求めましょう。

△ABC と △A′B′C′ は相似なので，相似比は，それぞれの周の長さにより
18：24＝3：4　したがって，△A′B′C′ の面積を x とおくと

[3] $^2:4^2=9:x$　　[9] $x=144$　　$x=$ [16]　　答え [16] cm²

2 体積比

相似な立体の表面積（ひょうめんせき）の比は相似比の２乗に等しくなり，体積比は相似比の３乗に等しくなります。

相似比が $m:n$ ならば
表面積の比 $m^2:n^2$
体積比 $m^3:n^3$

例　相似比が 2：1 の相似な２つの立体 P，Q があります。Pの表面積が 200cm²，体積が 240cm³ のとき，Qの表面積と体積をそれぞれ求めましょう。

相似比が2：1なので，表面積の比は $2^2:1^2=4:1$，
体積比は $2^3:1^3=8:1$ となるので，立体Qの面積を x，体積を y とおくと

$4:1=$ [200] $:x$　　$4x=$ [200]　　$x=$ [50]　　Qの表面積 [50] cm²

$8:1=$ [240] $:y$　　$8y=$ [240]　　$y=$ [30]　　Qの体積 [30] cm³

解いてみよう！

解答 p.15

1 △ABC と △A′B′C′ は相似です。次の問いに答えましょう。

(1) 相似比が 1：3で，△ABCの面積が 10cm² であるとき，
△A′B′C′ の面積を求めましょう。

△A′B′C′の面積を x とおくと

$1^2 : 3^2 =$ □ $: x$　　$x =$ □　　答え □ cm²

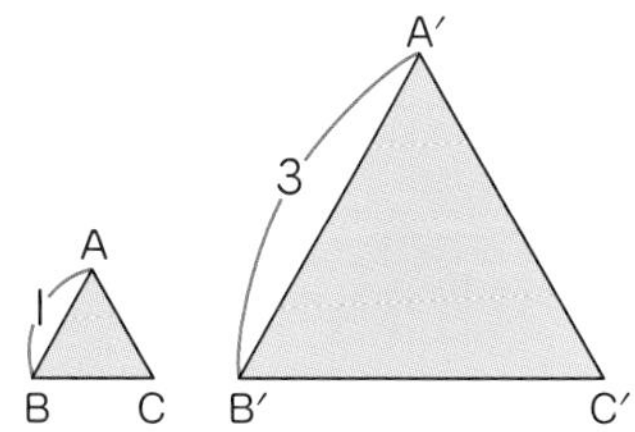

(2) 周の長さが △ABCは24cm，△A′B′C′ は36cm，
△A′B′C′ の面積が27cm² のとき，△ABCの面積を求めましょう。

△ABC と △A′B′C′ は相似なので，相似比は，それぞれの周の長さにより
24：36＝2：3　したがって，△ABCの面積を x とおくと

$2^2 :$ □ $^2 = x : 27$　　□ $x = 4 \times 27$　　$x =$ □　　答え □ cm²

2 相似比が 2：3の相似な2つの立体 P，Qがあります。

Pの表面積が 240cm²，体積が 320cm³ のとき，
Qの表面積と体積をそれぞれ求めましょう。

相似比が2：3なので，表面積の比は $2^2 : 3^2 = 4 : 9$，
体積比は $2^3 : 3^3 = 8 : 27$ となるので，立体Qの表面積を x，体積を y とおくと

$4 : 9 =$ □ $: x$　　$4x =$ □　　$x =$ □

Qの表面積 □ cm²

$8 : 27 =$ □ $: y$　　$8y =$ □　　$y =$ □

Qの体積 □ cm³

これでカンペキ　五角形の面積比の求め方

右の図のような相似比が2：3である相似な2つの五角形 A，B があります。このとき，図のように対角線でできる三角形の面積比を求めましょう。

図の三角形Pと$P′$，Qと$Q′$，Rと$R′$は，それぞれ相似で，面積比は $2^2 : 3^2 = 4 : 9$

よって，五角形A，Bの面積比も4：9になります。

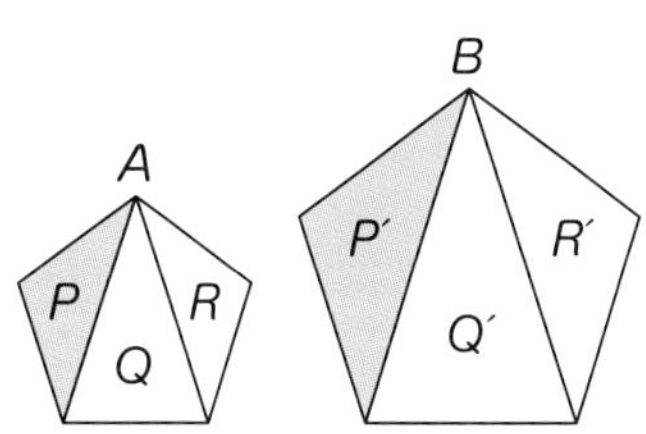

確認テスト

解答 p.16

/100点

1 次のア～ウの三角形のうち，相似な三角形を選びましょう。また，そのときに使った相似条件を答えましょう。(8点×4)

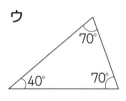

ステージ 30 32

(1)

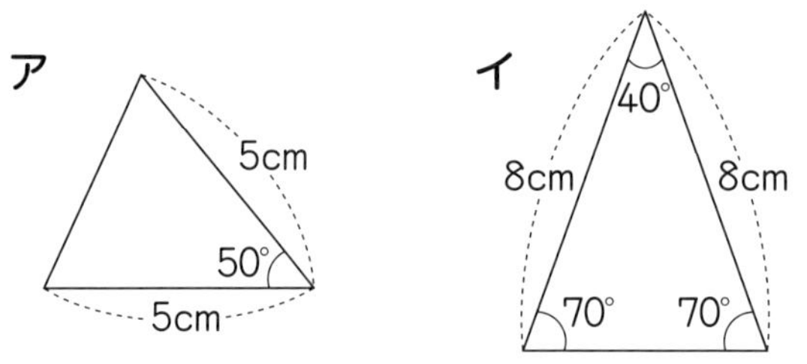

相似な三角形

相似条件

(2)

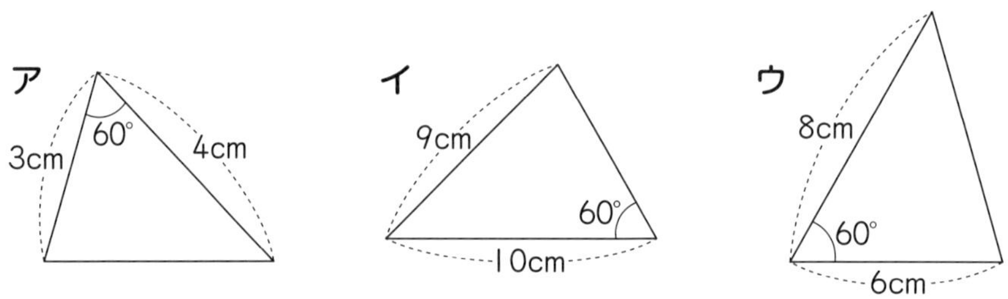

相似な三角形

相似条件

2 右の図において，△ABC∽△AEDを証明しましょう。(14点)

ステージ 33

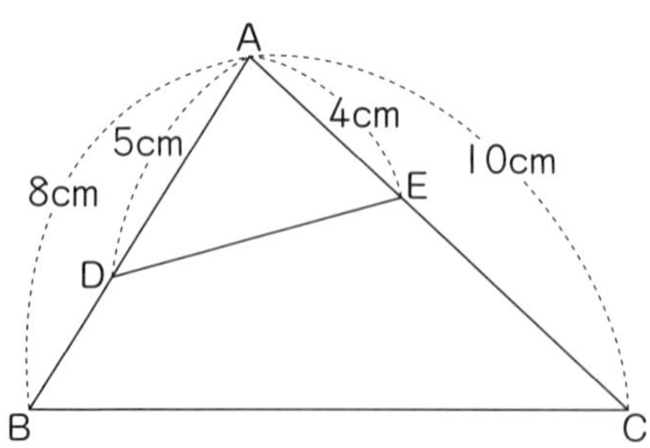

3 右の図のように，長さ1mの棒を地面に垂直に立てたとき，影の長さは2mになりました。ビルの影の長さが36mのとき，ビルの高さを求めましょう。(10点) ステージ 31 34 35

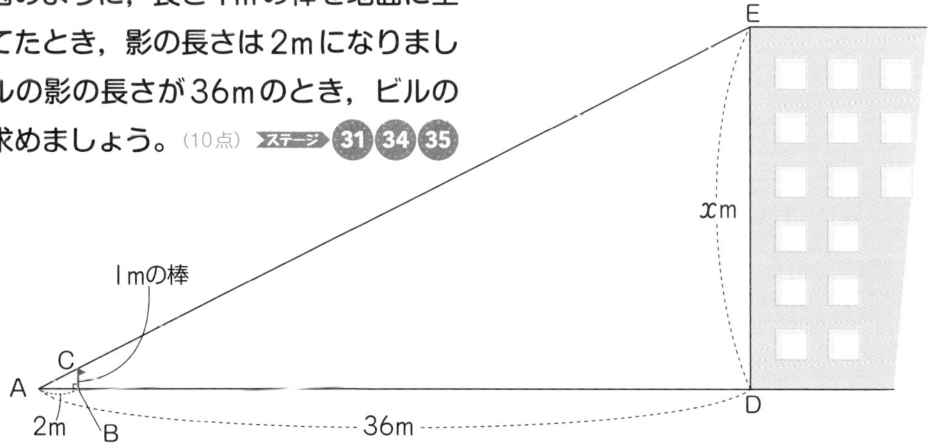

4 右の図で，線分AB，EF，DCが平行のとき，次の問いに答えましょう。(12点×2) ステージ 36

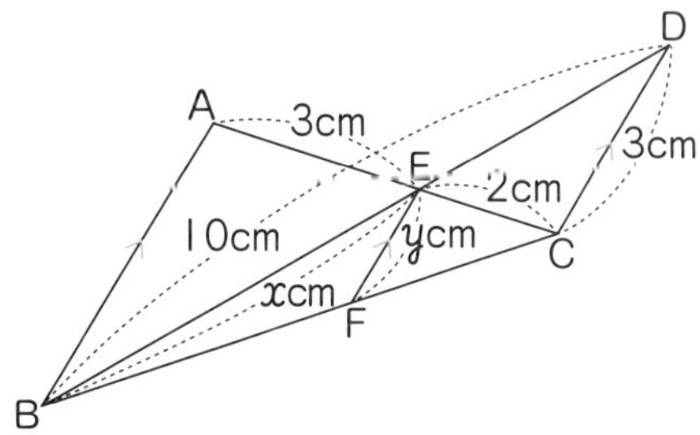

(1) xの値を求めましょう

(2) yの値を求めましょう

5 縮尺が$\dfrac{1}{50000}$の地図について，次の問いに答えましょう。(10点×2) ステージ 34

(1) 地図上で10cmの距離(きょり)は，実際には何kmになりますか。

(2) 実際の10kmの距離は，地図上では何cmになりますか。

数魔小太郎からの挑戦状

解答 p.16

チャレンジこそが上達の近道！

問題

横の長さが14cmの直方体のようかんがあります。増太郎(ますたろう)，数々丸(すすまる)，小太郎の3人に分けるため，14cmの線分を3等分する次のような方法を考えました。

1. 長さが14cmの線分ABをひきます。
2. 点Aを通り線分ABとはちがう直線をひきます。
3. ひいた直線上に点Aから等間隔に点C，D，Eをとります。
4. 点C，Dからそれぞれ直線EBと平行な直線をひき，線分ABとの交点をそれぞれF，Gとします。

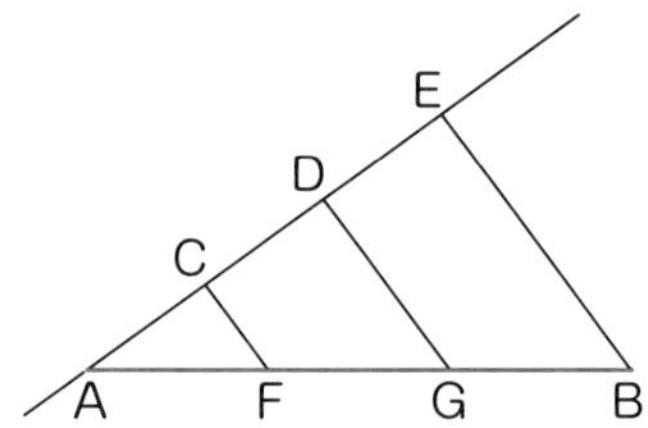

点F，Gが線分ABを3等分することを説明しましょう。

答え　△AFCと△AGDと△ABEにおいて，平行線の同位角(どういかく)は等しいので，

∠AFC＝∠①＿＿＿＿＿＿＿＝∠ABE,

∠ACF＝∠ADG＝∠②＿＿＿＿＿＿＿

③＿＿＿＿＿＿＿＿＿＿＿＿＿＿＿＿から，

△AFC∽△AGD∽△ABE

三角形と比の定理から，

CF // DG // EB ならば，AC：CD：DE＝AF：FG：GB＝1：1：1

これによって，点F，Gは線分ABを3等分することがわかります。

平行線をひくんじゃ。

「相似の巻」伝授！

次は円の巻を見つけよう

6章 円

次の修業の場は「円の孤島」。

いつの間にやらたどりついた円形の孤島。

円を理解することで，算術上忍になるための資質は飛躍的に向上するぞ！

注意深く角を見つめ「円の巻」を見つけ出せ！

行け増太郎！ がんばれ増太郎！

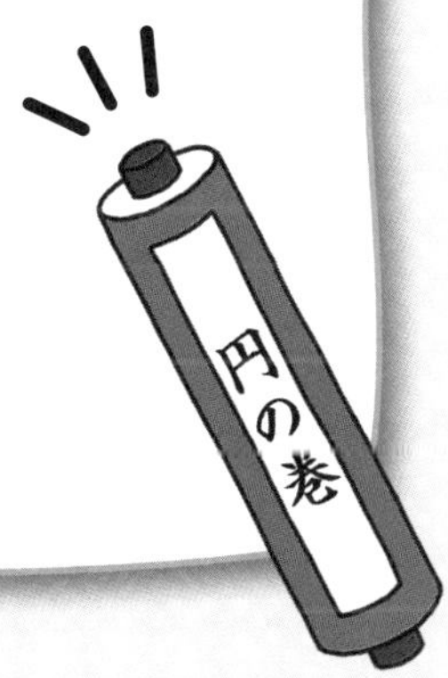

円周角の定理について理解しよう！

円O上の3点A，B，Pについて，∠APBを弧(こ)ABに対する円周角(えんしゅうかく)といいます。

1 円周角の定理

1つの弧に対する円周角の大きさは一定で，
その弧に対する中心角の半分である。
右の図の円Oの$\overset{\frown}{AB}$において，$\angle APB=\frac{1}{2}\angle AOB$

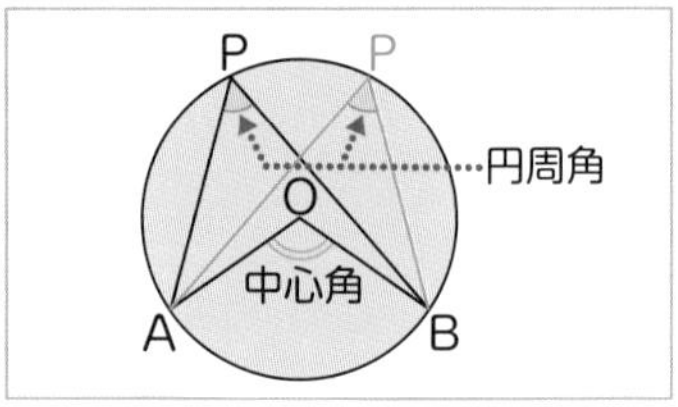

例 右の図で$\angle x$の大きさを求めましょう。

(1) 円周角の大きさは中心角の［半分］だから

$\angle x=\frac{1}{2}\times$［60］°＝［30］°
（60：中心角）

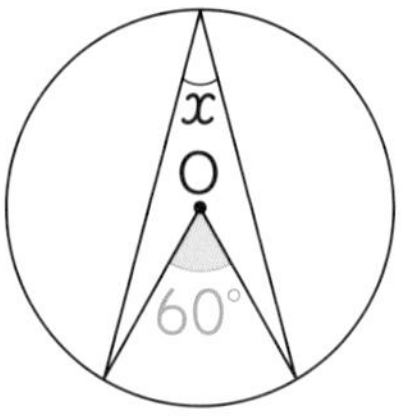

(2) 同じ弧に対する円周角の大きさは［一定］だから

$\angle x=$［30］°

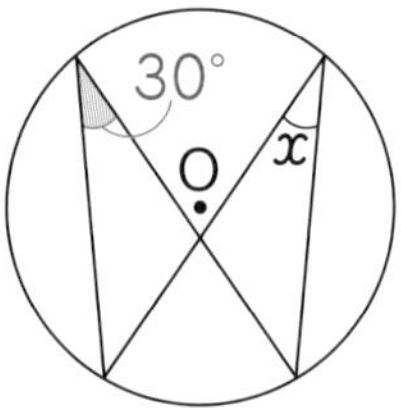

2 直径と円周角の定理

線分(せんぶん)ABを直径とする円の周上に，
点A，Bと異(こと)なる点Pをとると，
円周角∠APBの大きさは90°になる。

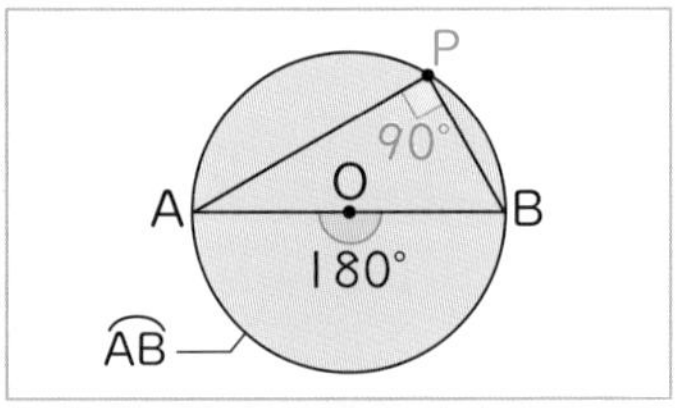

例 右の図で$\angle x$の大きさを求めましょう。

線分ABは円の中心を通り，円Oの［直径］であるから，弧ABは半円である。

このとき円周角の大きさは［90］° となるから，

∠ア＝［90］°

$\angle x+30°+$［90］°＝180°
（90：半円の弧に対する円周角の大きさは常に90°）
（180°：三角形の内角(ないかく)の和は180°）

$\angle x=180°-(30°+$［90］°)

＝［60］°

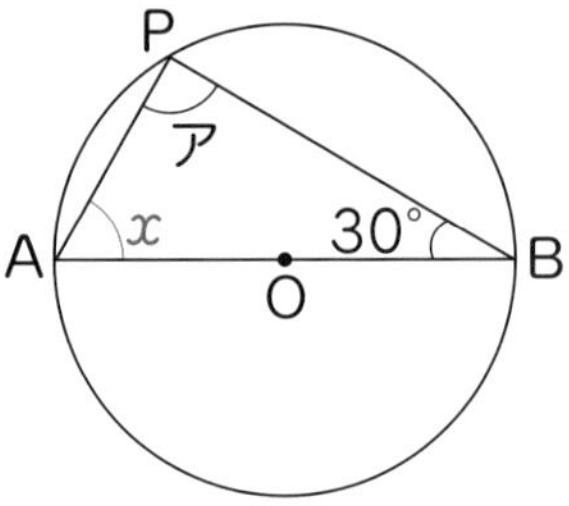

解いてみよう！

解答 p.17

1 次の図で∠xの大きさを求めましょう。

(1)

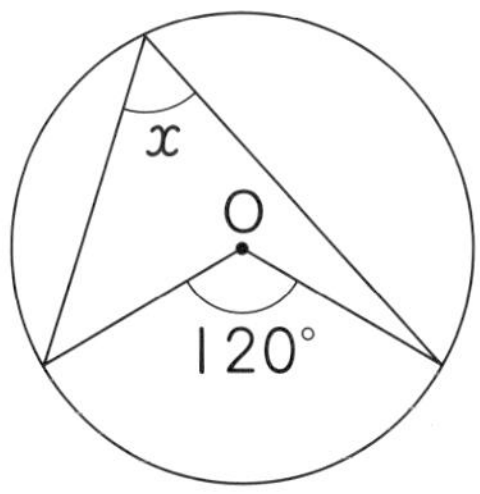

$\angle x=\dfrac{1}{2}\times\square^\circ=\square^\circ$

(2)

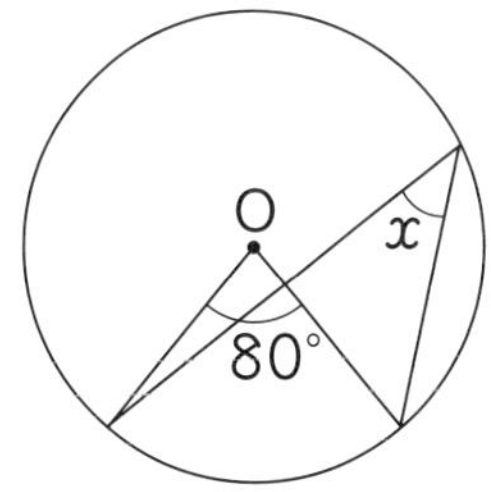

(3)

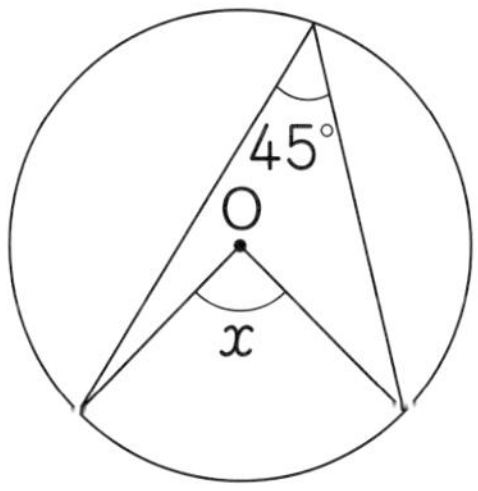

$\angle x=\square^\circ\times 2=\square^\circ$

(4)

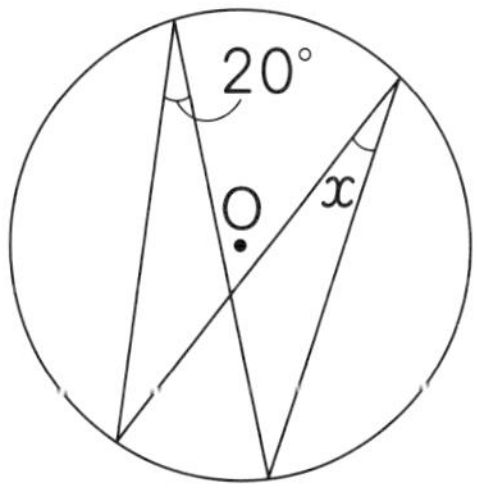

1つの弧に対する円周角の大きさは $\square$ だから，$\angle x=\square^\circ$

2 次の図で∠xの大きさを求めましょう。

(1)

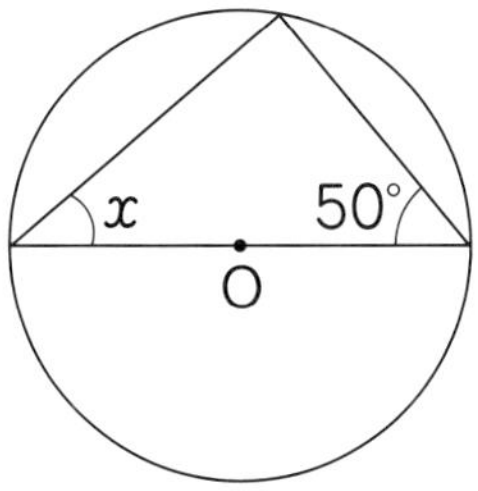

$\angle x+50^\circ+\square^\circ=180^\circ$

$\angle x=180^\circ-(50^\circ+\square^\circ)$

$=\square^\circ$

(2)

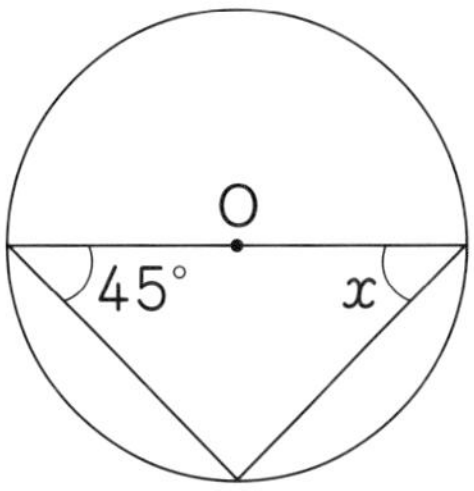

これで カンペキ　三角形の内角の和

三角形の内角の和は180°となることを思いだそう。

$\angle a+\angle b+\angle c=180^\circ$

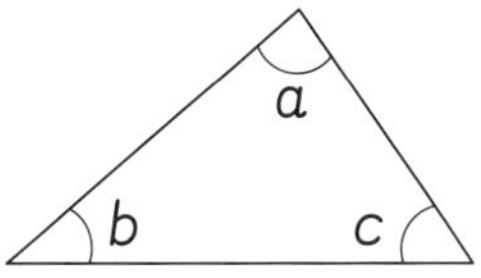

ステージ 39

円周角と弧

円周角と弧の関係について理解しよう!

1つの円で，等しい円周角に対する弧の長さは等しく，等しい弧に対する円周角の大きさも等しくなります。

1 円周角と弧

1つの円において，大きさが等しい円周角に対する弧の長さは等しくなります。また，長さが等しい弧を考えた場合，この弧に対する円周角の大きさは等しくなります。これは半径が等しい2つの円においても成り立ちます。

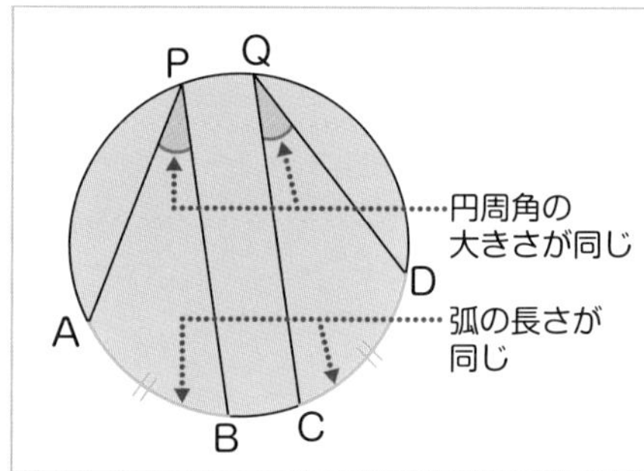

例 次の図の∠xの大きさを求めましょう。

(1)

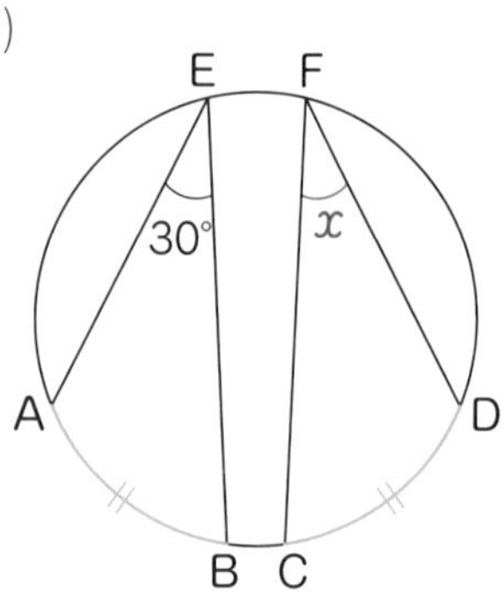

$\overset{\frown}{AB}$＝ $\overset{\frown}{CD}$

∠x＝ 30 °

等しい弧に対する円周角は等しい

(2)

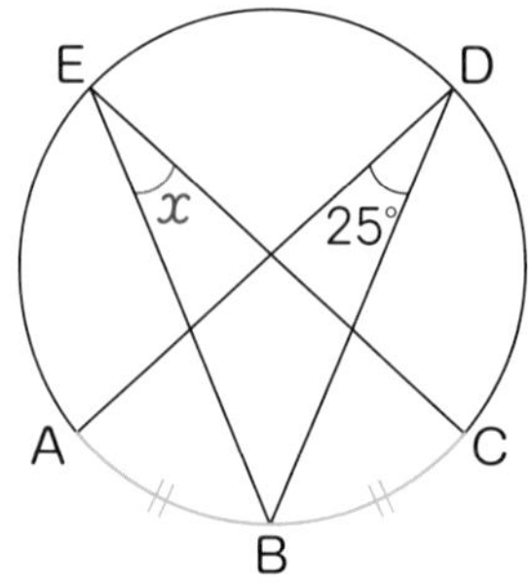

$\overset{\frown}{AB}$＝ $\overset{\frown}{BC}$

∠x＝ 25 °

(3)

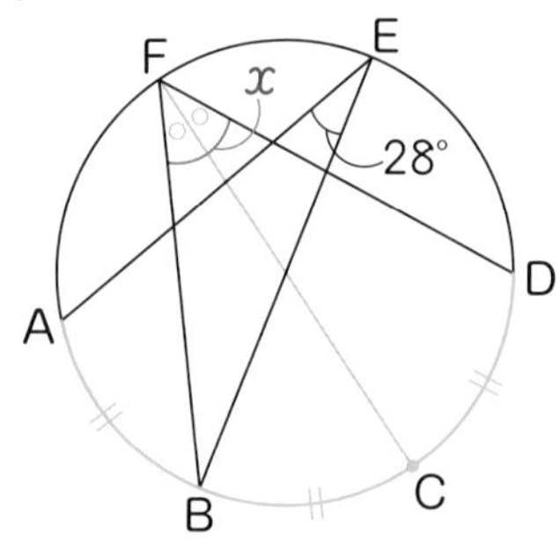

$\overset{\frown}{AB}$＝ $\overset{\frown}{BC}$ ＝ $\overset{\frown}{CD}$

∠x＝28°× 2

＝ 56 °

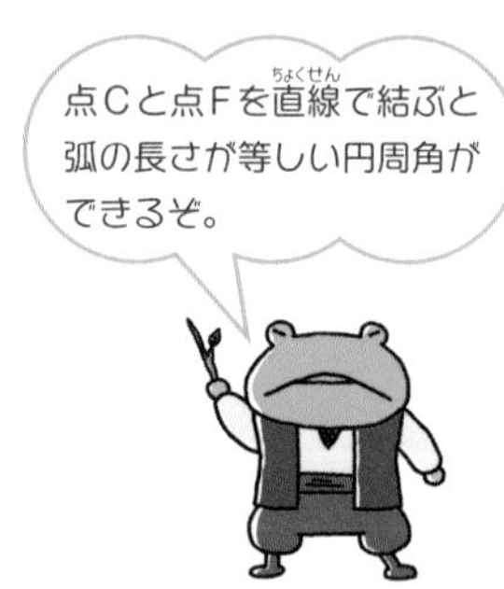

点Cと点Fを直線で結ぶと弧の長さが等しい円周角ができるぞ。

月　日

解いてみよう！

解答 p.17

1 次の図で∠xの大きさを求めましょう。

(1)

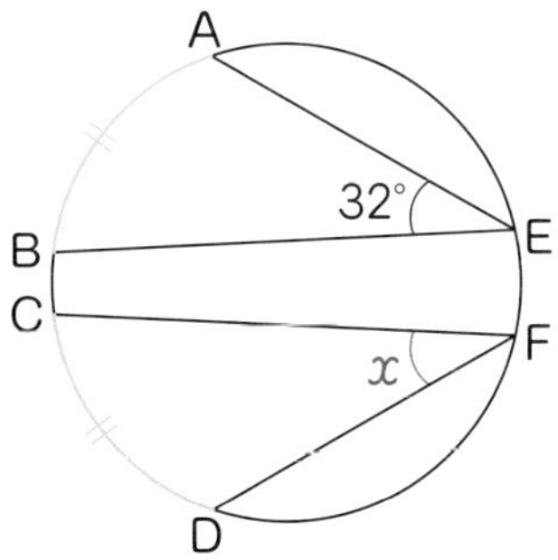

$\overset{\frown}{AB}$＝□

∠x＝□°

等しい弧に対する円周角は等しい

(2)

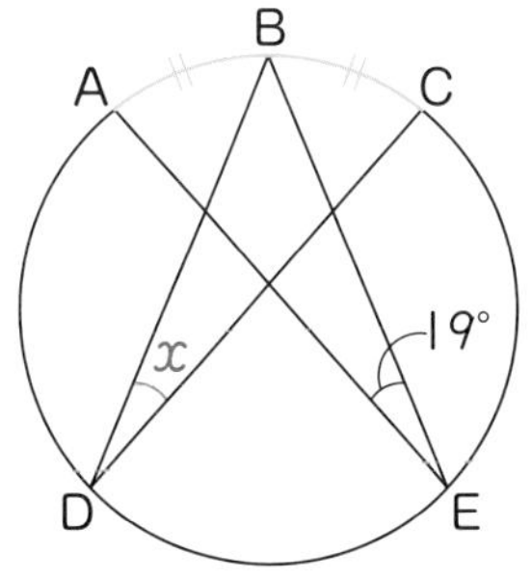

(3)

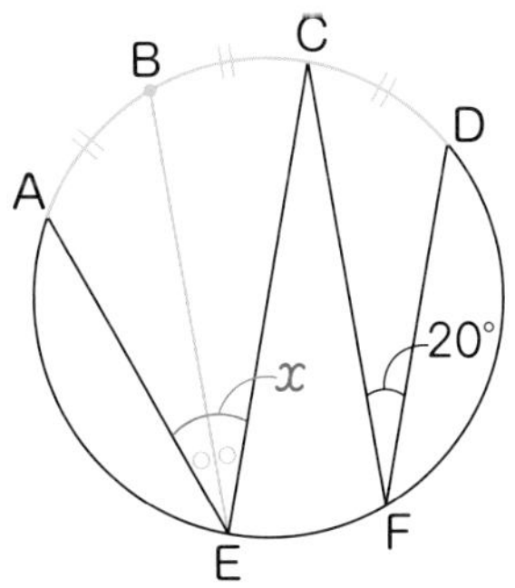

$\overset{\frown}{AB}$＝□＝□

∠x＝20°×□

＝□°

(4)

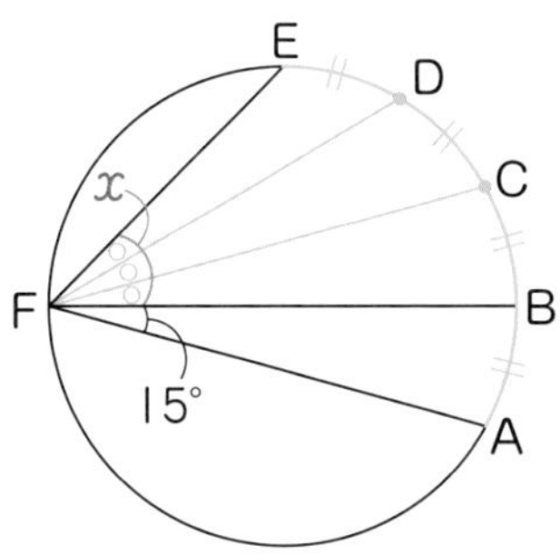

これでカンペキ　円周角の比

1つの円で，円周角の比＝弧の長さの比となります。

右の図で　$\overset{\frown}{AB}:\overset{\frown}{BC}=2:3$

$40:x=2:3$

∠x＝60°

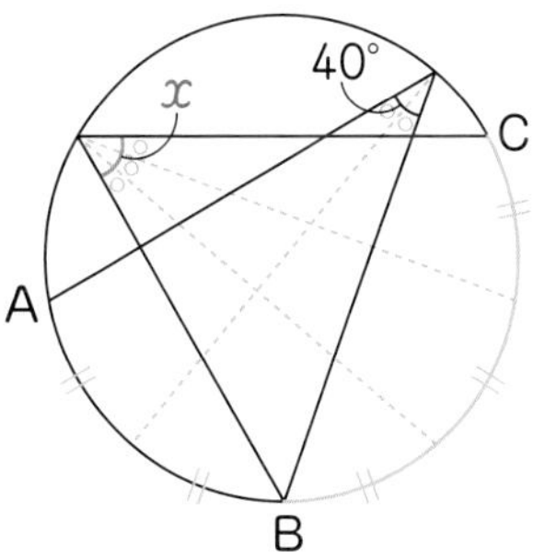

ステージ 40

円周角の定理の利用

円周角の定理を活用してみよう!

4点A，B，P，Qについて，P，Qが直線(ちょくせん)ABに関して同じ側にあり，∠APB＝∠AQBならば，この4点は1つの円周上にあります。

1 円周角の定理の逆

直線ABに対して同じ側に点P，Qを考えます。
「∠APB=∠AQBのとき，4点A，B，P，Qは1つの円周上にある」は円周角の定理の逆で，これも成り立ちます。

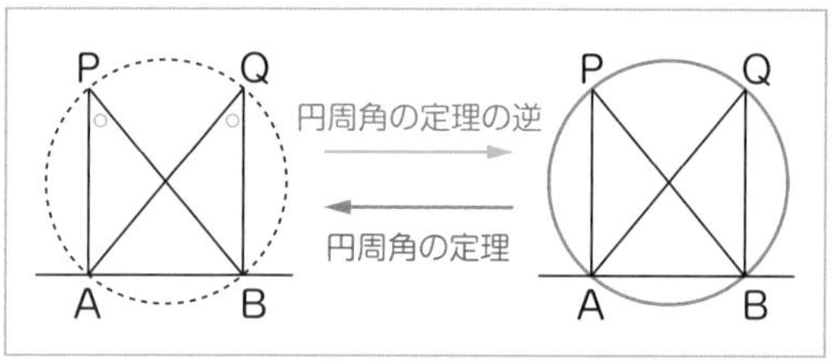

例 次の図において，4点A，B，C，Dが1つの円周上にあるものをすべて選びましょう。

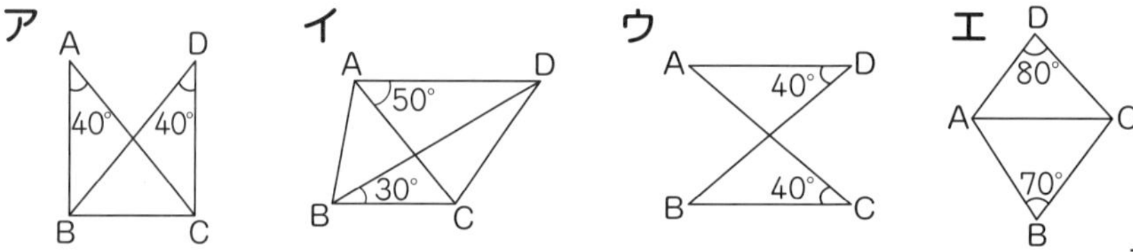

答え ア，ウ

2 円周角の定理の利用

次の方法で円の接線(せっせん)をひくことができます。円Oと円外に点Aがあるとき，

1. 線分(せんぶん)AOの中点(ちゅうてん)O′をとります。
2. O′を中心としてAOを直径とする円O′をかきます。
3. 円Oとの交点をP，P′として，半直線AP，AP′をひきます。これが接線となります。

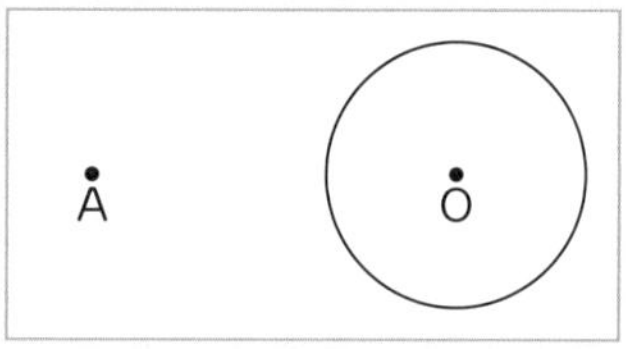

例 円周角の定理を用いて，このことを確かめましょう。

OP，OP′は円Oの 半径 になります。AOは円O′の直径です。

∠APO，∠AP′Oはともに半円に対する円周角なので

∠APO=∠AP′O= 90 °

OP⊥ AP ，OP′⊥ AP′ なので，

直線AP，AP′は円Oの接線になります。

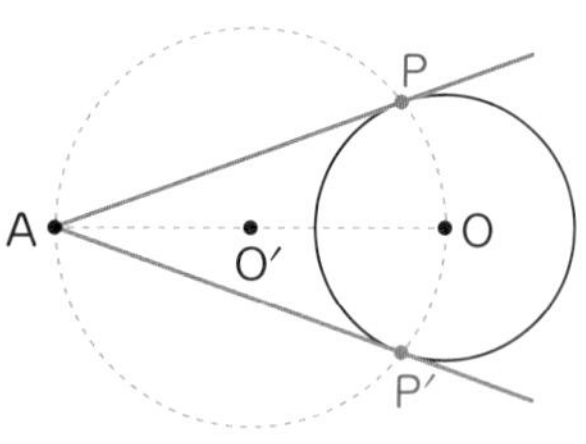

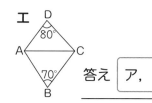

解いてみよう！

解答 p.17

1 次の図において，4点A，B，C，Dが1つの円周上にあるものをすべて選びましょう。

ア
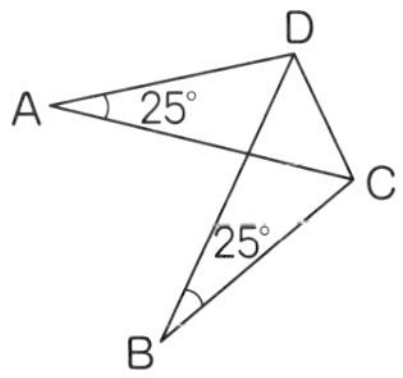

イ
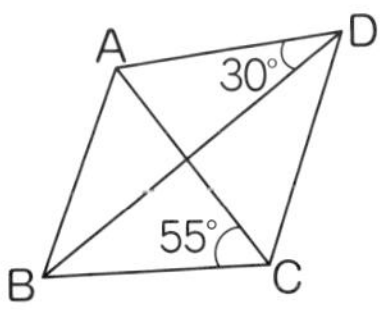

ウ
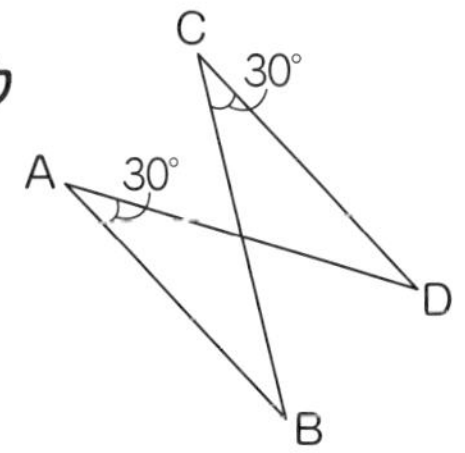

エ
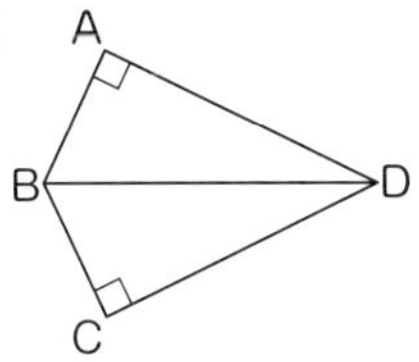

オ
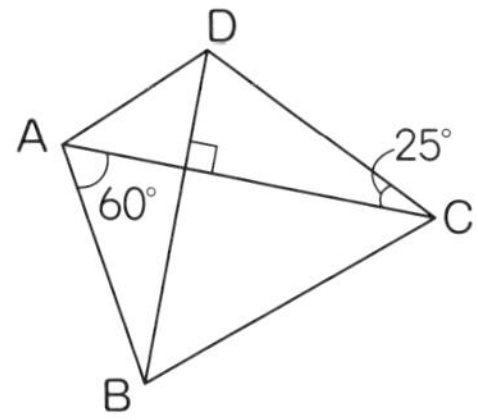

答え

2 次の図において，4点A，B，C，Dが1つの円周上にある場合の∠xを求めましょう。

(1)
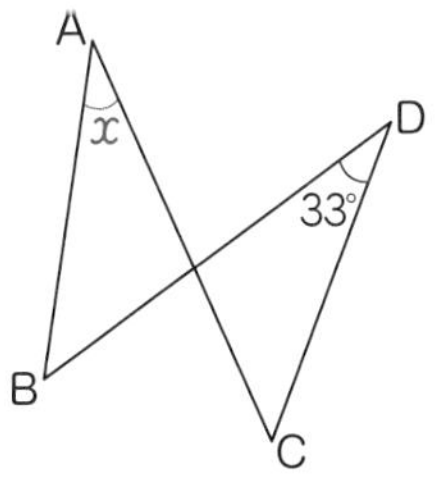

∠x＝　°

(2)
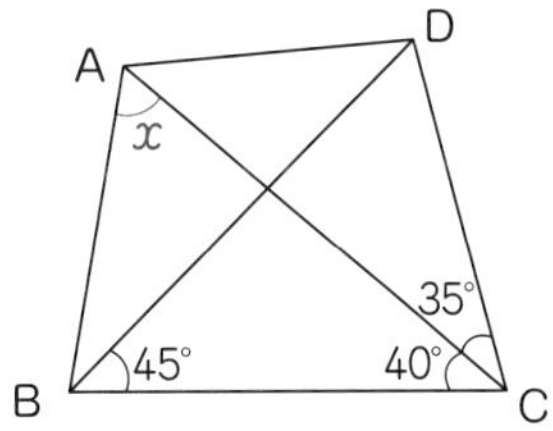

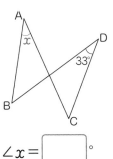

3 次の円Oに円外の点Aを通る接線AP，AP′をひきましょう。
なお，点O′は線分AOの中点です。

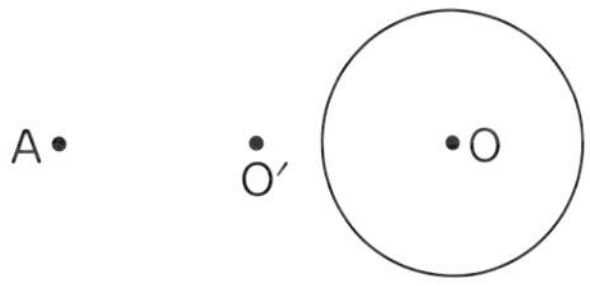

確認テスト

解答 p.18

/100点

1 次の図の∠xの大きさを求めましょう。(9点×2)

ステージ38

(1)

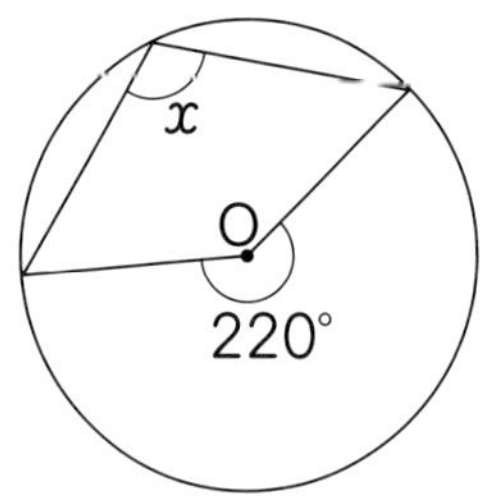

(2)

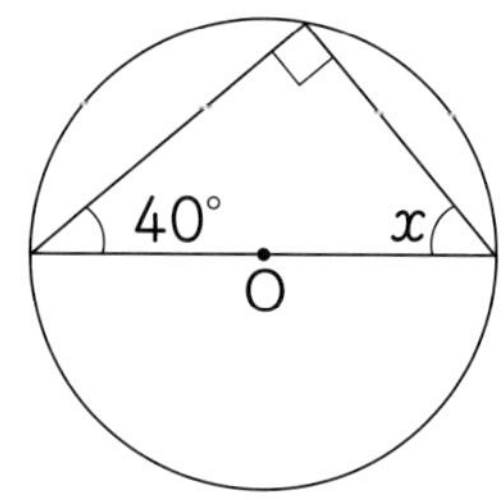

2 次の図の∠xの大きさを求めましょう。(9点×4)

ステージ39

(1)

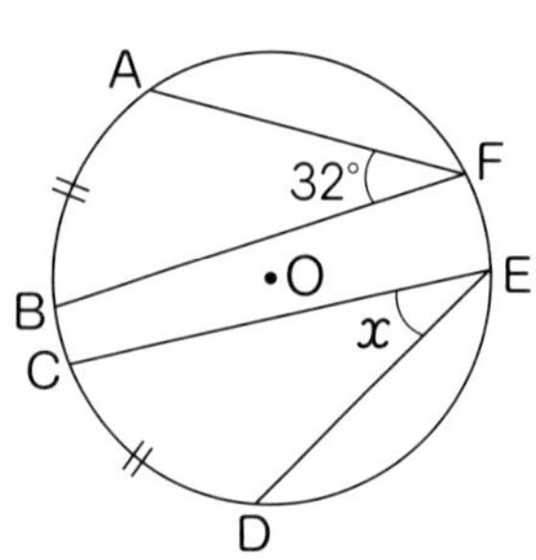

(2)

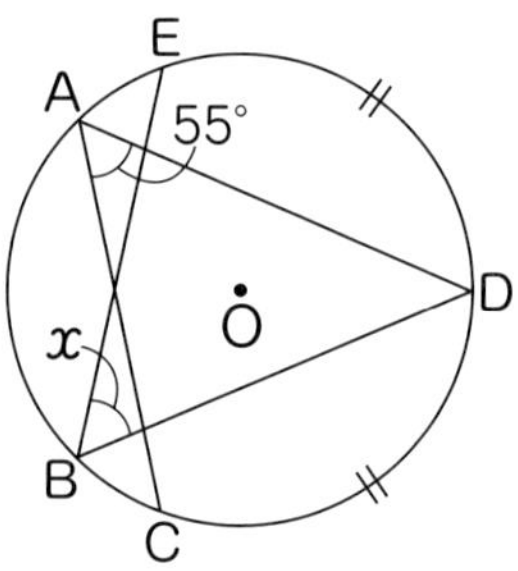

(3)

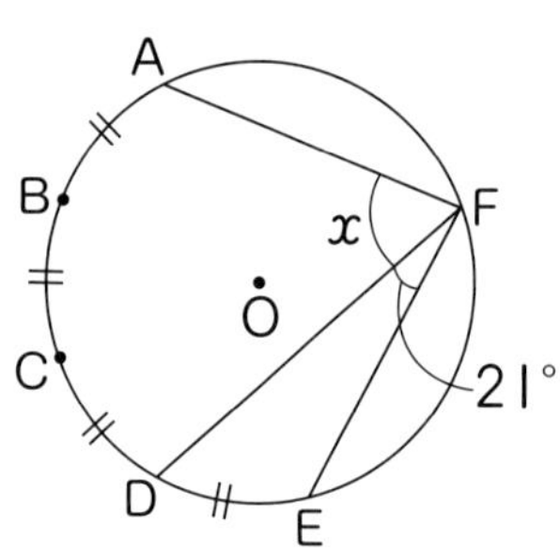

(4)

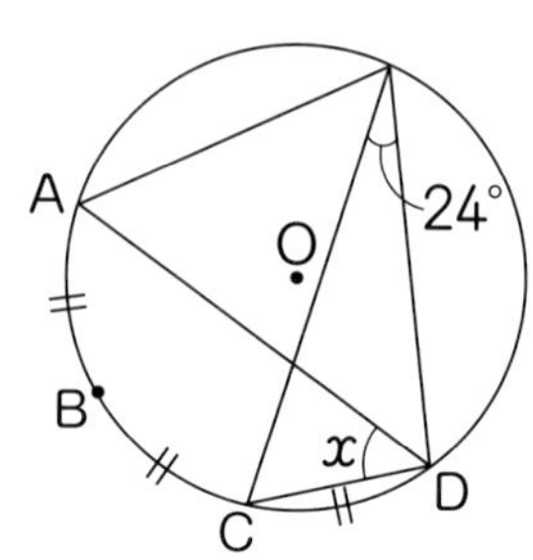

3 次の図において，４点A，B，C，Dが１つの円周上にあるものを選びましょう。

（10点）　ステージ 40

ア

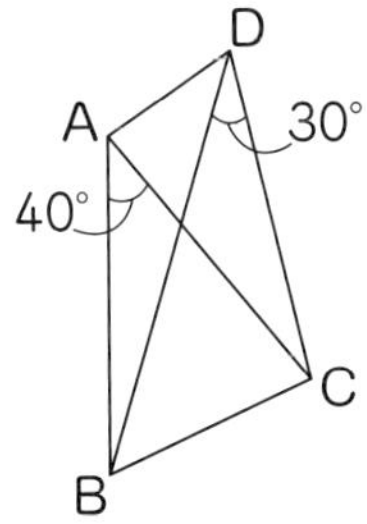

イ

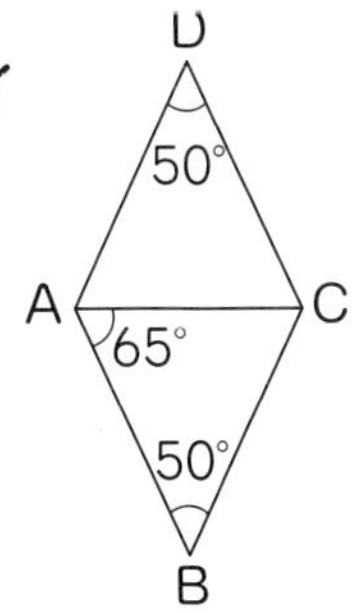

ウ

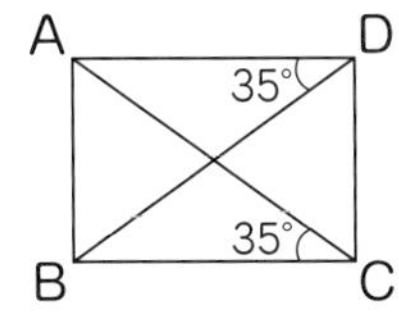

4 次の図において，４点A，B，C，Dが１つの円周上にある場合の∠xを求めましょう。（9点×4）

ステージ 40

(1)

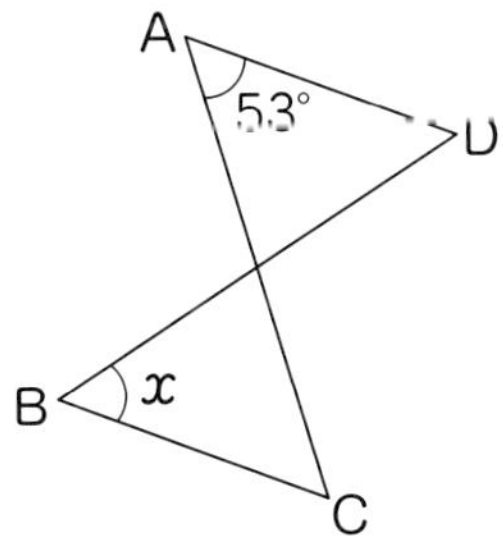

(2)

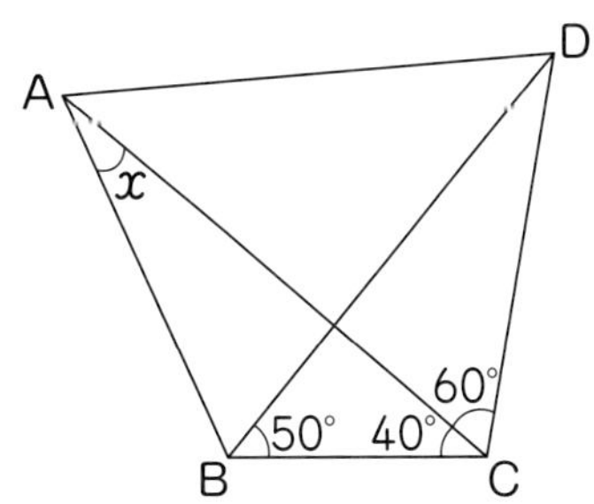

(3)

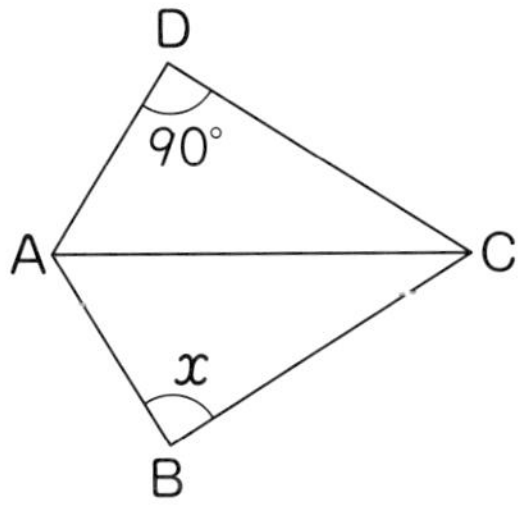

(4)

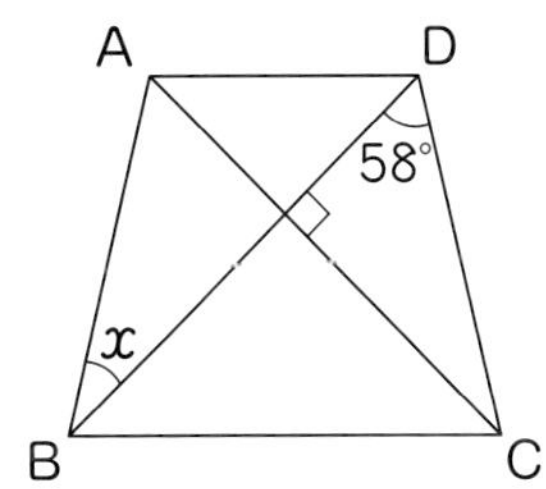

数魔小太郎からの挑戦状

解答 p.18

問題

次の手順で，右のような図をかきます。

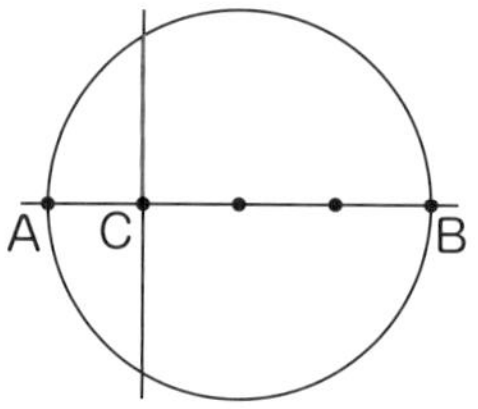

1 直径ABが4cmとなる円をかきます。

2 線分ABを4等分する点のうち，いちばん点Aに近い点をCとします。

3 点Cを通り，直線ABに垂直な直線をひきます。

図の赤い線分の長さが$\sqrt{3}$ cmになることを説明しましょう。

答え 右の図のように点D，点Eをとります。

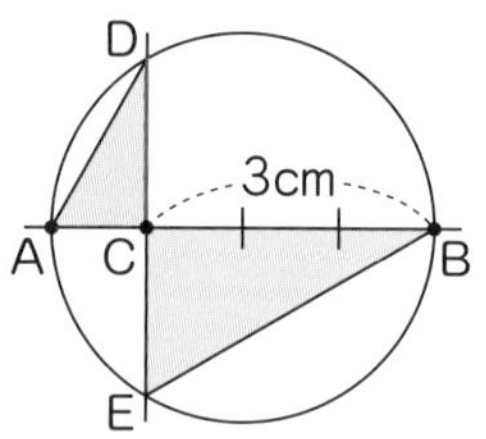

△ACDと△ECBにおいて，

弧AEに対する円周角は等しいから

∠ADC＝∠①＿＿＿＿＿＿ ……㋐

弧BDに対する円周角は等しいから

∠DAC＝∠②＿＿＿＿＿＿ ……㋑

㋐，㋑より，③＿＿＿＿＿＿＿＿＿＿＿＿＿＿ から，

△ACD∽△ECBとなります。

AC：EC＝CD：CBであり，EC＝CDですから 1：CD＝CD：3

$CD^2=3$で，CD≧0ですからCD＝$\sqrt{3}$ (cm)となります。

「円の巻」伝授！

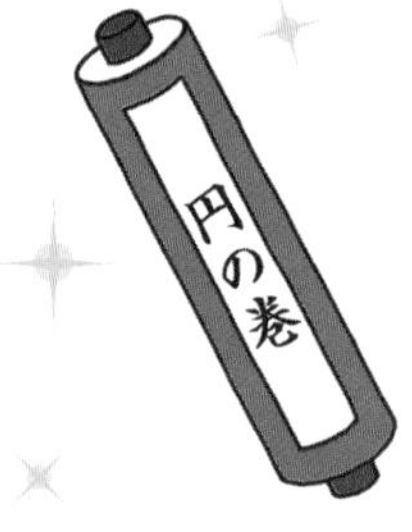

次は
三平方の巻を
見つけよう

7章 三平方の定理

次の修業の場は「三平方の壁」。

増太郎の前に立ちはだかるのは断崖絶壁。

三平方の定理を身につければ，この壁の高さだって求めることができるぞ。

ポイントは直角三角形だ！

登りきって，「三平方の巻」を手に入れろ！

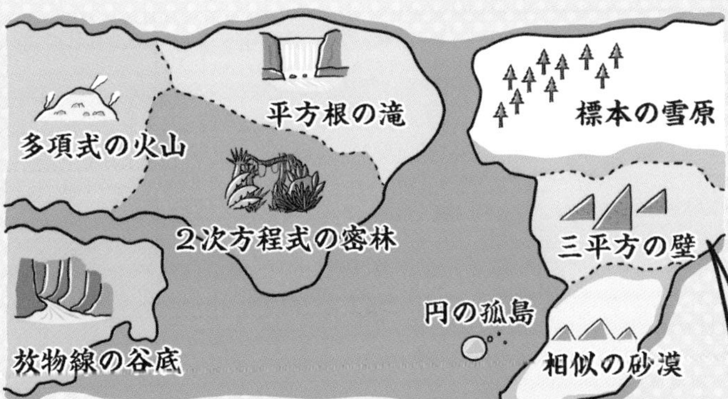

三平方の定理

三平方の定理を使って辺の長さを求めてみよう！

直角三角形の辺の長さの間に成り立つ三平方の定理（さんへいほう）を使えば，図形の線分（せんぶん）の長さが求められます。

1 三平方の定理

直角三角形の辺の長さを図のようにおくと，
$a^2+b^2=c^2$ となります。
これを三平方の定理といいます。

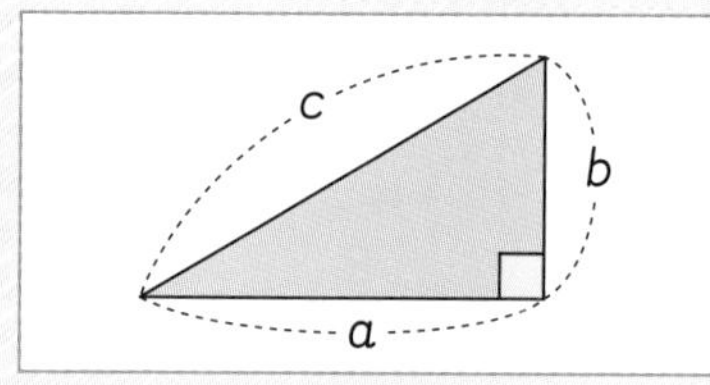

例 三平方の定理を使って，次の直角三角形の x の値（あたい）を求めましょう。

(1)

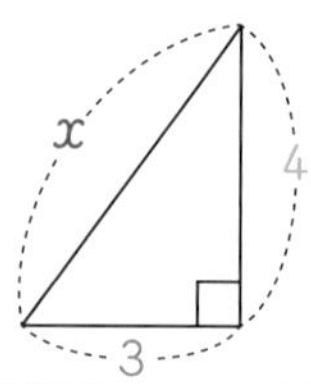

$3^2+4^2=x^2$ ←斜辺の長さは x

$9+16=x^2$

$x^2=25$

$x>0$ なので　$x=5$

(2)

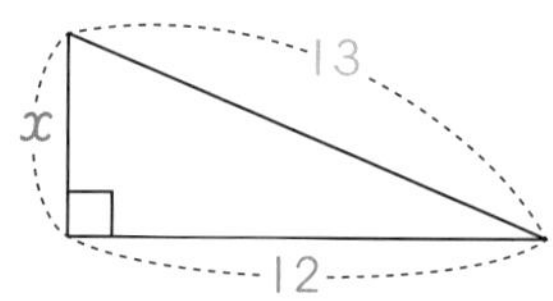

$12^2+x^2=13^2$ ←斜辺の長さは13

$x^2=13^2-12^2$

$=169-144$

$=25$

$x>0$ なので　$x=5$

13²−12²＝(13+12)(13−12)
＝25×1
＝25
と計算してもよいぞ。

(3)

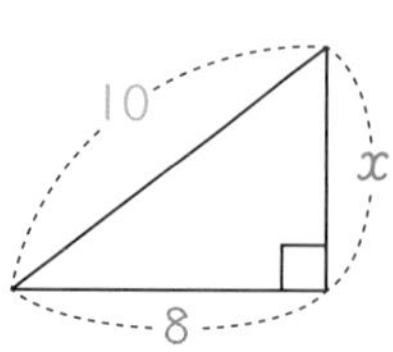

$8^2+x^2=10^2$ ←斜辺の長さは10

$x^2=10^2-8^2$

$=36$

$x>0$ なので　$x=6$

(4)

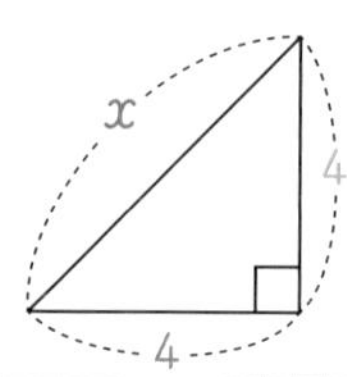

$4^2+4^2=x^2$ ←斜辺の長さは x

$x^2=32$

$x>0$ なので　$x=4\sqrt{2}$

解いてみよう！

解答 p.19

1 三平方の定理を使って，次の直角三角形の x の値を求めましょう。

(1)

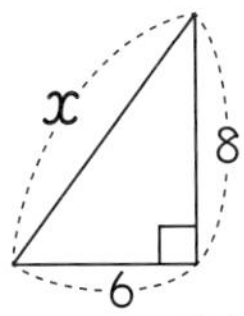

$\square^2 + \square^2 = x^2$ ← 斜辺の長さは x

$\square + \square = x^2$

$x^2 = \square$

$x > 0$ なので　$x = \square$

(2)

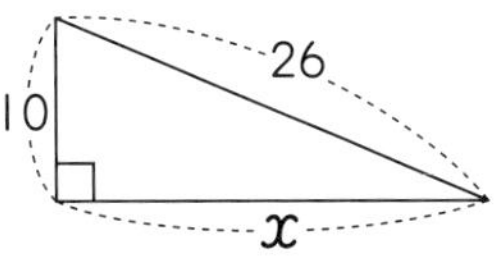

(3)

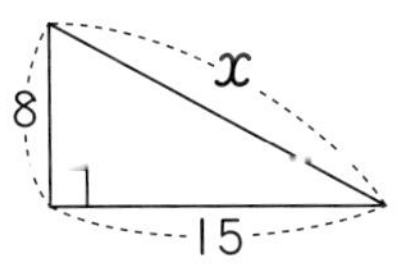

$\square^2 + \square^2 = x^2$ ← 斜辺の長さは x

$\square + \square = x^2$

$x^2 = \square$

$x > 0$ なので　$x = \square$

(4)

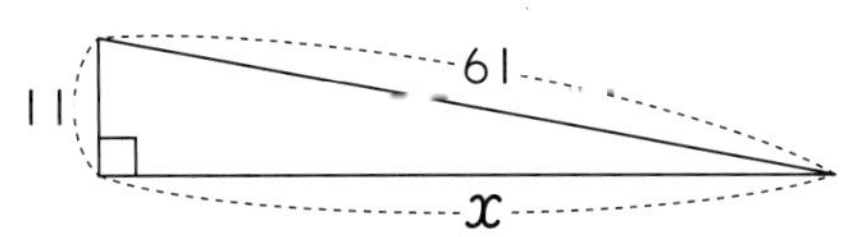

(5)

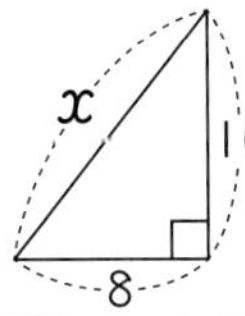

$\square^2 + \square^2 = x^2$ ← 斜辺の長さは x

$\square + \square = x^2$

$x^2 = \square$

$x > 0$ なので　$x = \square$

$x = \square$

(6)

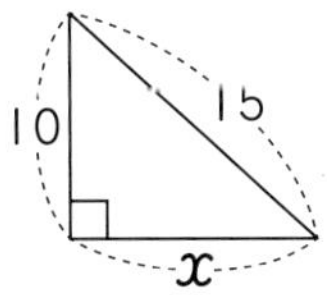

ステージ 42

直角三角形

直角三角形になるか確認してみよう！

三角形の3辺の長さ a，b，c の間に，$a^2+b^2=c^2$ が成り立つ場合，その三角形は長さが c の辺を斜辺とする直角三角形である。

1 三平方の定理の逆

図のように，三角形の3辺の長さをそれぞれ a，b，c とするときに，$a^2+b^2=c^2$ が成り立つ場合，この三角形は長さが c の辺を斜辺とする直角三角形となります。

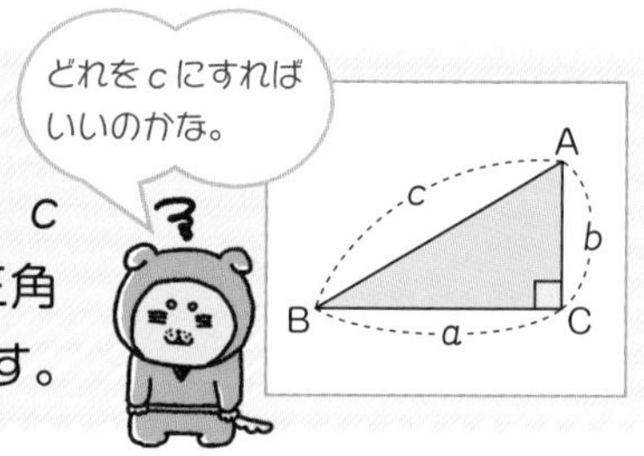

例 三平方の定理の逆を利用して，次の三角形が直角三角形かどうか調べましょう。

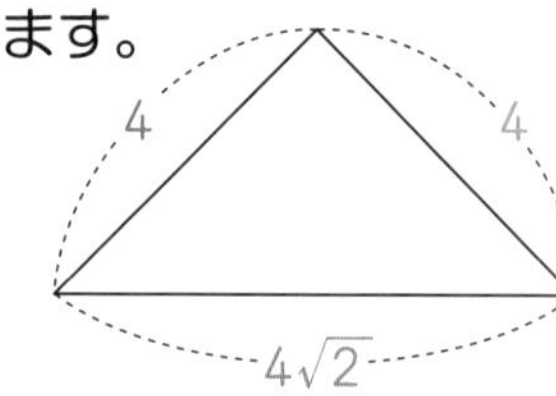

$\boxed{4}^2+\boxed{4}^2$ と，$(\boxed{4\sqrt{2}})^2$ が等しいかどうか調べます。

$\boxed{4}^2+\boxed{4}^2=16+16=32$

$(\boxed{4\sqrt{2}})^2=16\times2=32$

$4^2+4^2\ \boxed{=}\ (4\sqrt{2})^2$ となるので，この三角形は直角三角形 [となります]。

2 特別な直角三角形の比

3辺の長さの比（ひ）が簡単な整数を使って表せる直角三角形のなかで，三角定規の1組の直角三角形は特によく取りあげられます。

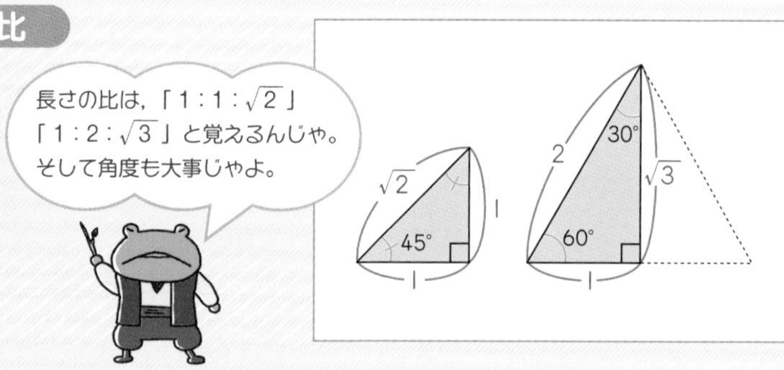

例 次の直角三角形の x の値を求めましょう。

(1) $x:2\sqrt{2}=1:\boxed{\sqrt{2}}$

$\boxed{\sqrt{2}}\,x=2\sqrt{2}$

$x=\boxed{2}$

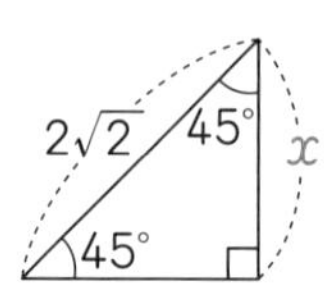

三角形の角が90°，45°，45°なので1：1：√2 を使って比をつくります

(2) $x:2=\boxed{\sqrt{3}}:1$

$x=2\times\boxed{\sqrt{3}}$

$x=\boxed{2\sqrt{3}}$

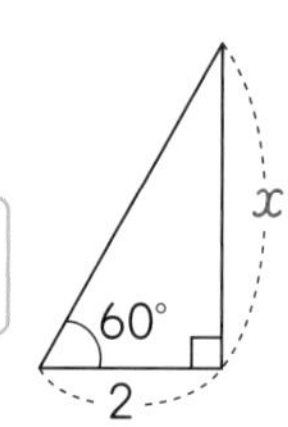

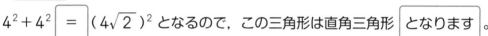

三角形の角が90°，60°，30°なので1：2：√3 を使って比をつくります

解いてみよう！

解答 p.19

1 三平方の定理の逆を利用して，次の三角形が直角三角形かどうか調べましょう。

(1) $(\square)^2+(\square)^2$ と，$(\square)^2$ が等しいかどうかを調べます。

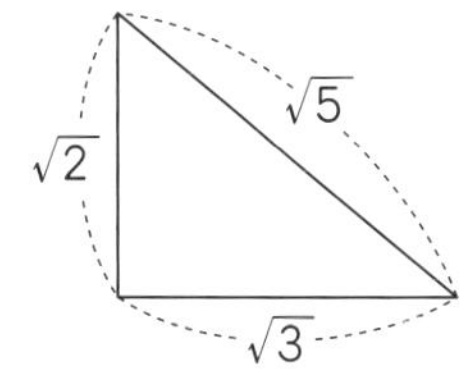

$(\square)^2+(\square)^2=2+3=\square$

$(\square)^2=\square$

$(\sqrt{2})^2+(\sqrt{3})^2=(\sqrt{5})^2$ となるので，

この三角形は直角三角形 □。

(2)

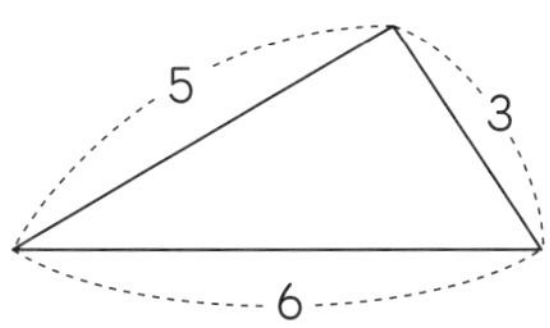

2 次の直角三角形の x の値を求めましょう。

(1) $x:2=1:\square$

$$x=\frac{2}{\sqrt{2}}=\frac{2\times\sqrt{2}}{\sqrt{2}\times\sqrt{2}}=\frac{2\sqrt{2}}{2}=\square$$

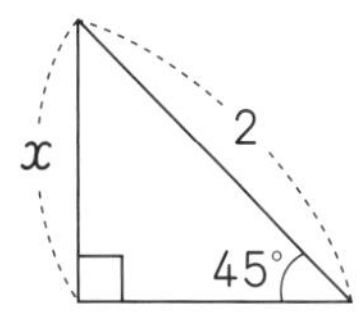

(2)

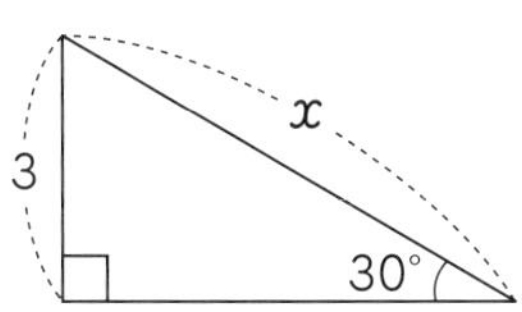

これでカンペキ　3辺の長さの比が整数比になる直角三角形

「3：4：5」「5：12：13」

のようなものがあります。

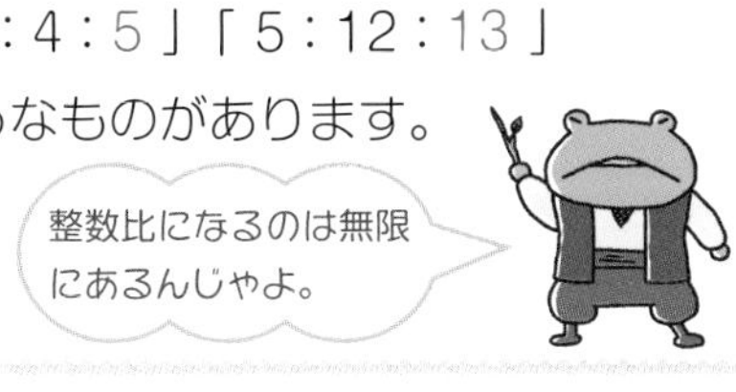

整数比になるのは無限
にあるんじゃよ。

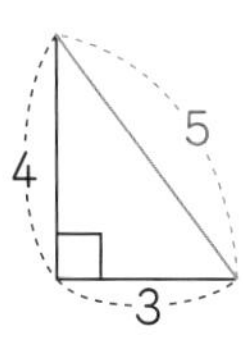

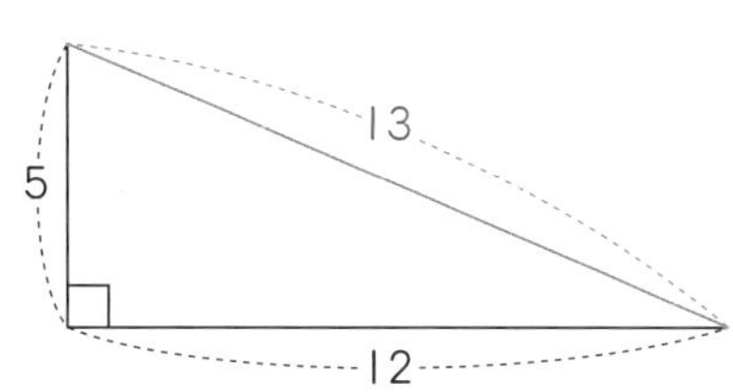

ステージ 43

三平方の定理の利用

三平方の定理を使ってみよう！

直角三角形を見つけて三平方の定理を使います。

1 三平方の定理の利用

直角三角形があれば，三平方の定理を用いてさまざまな長さを求めることができます。

例 次の問いに答えましょう。

(1) 1辺の長さが3の正方形の対角線の長さxを求めましょう。

$x^2 = 3^2 + 3^2 = 18$

$x>0$ なので　$x = \sqrt{18} = 3\sqrt{2}$

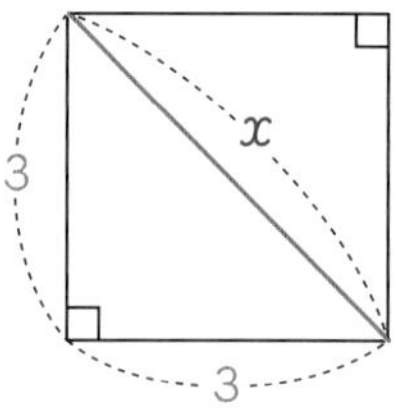

(2) 1辺の長さが4の正三角形の高さxを求めましょう。

$2^2 + x^2 = 4^2$

$x^2 = 4^2 - 2^2$

$= 16 - 4 = 12$

$x>0$ なので　$x = \sqrt{12} = 2\sqrt{3}$

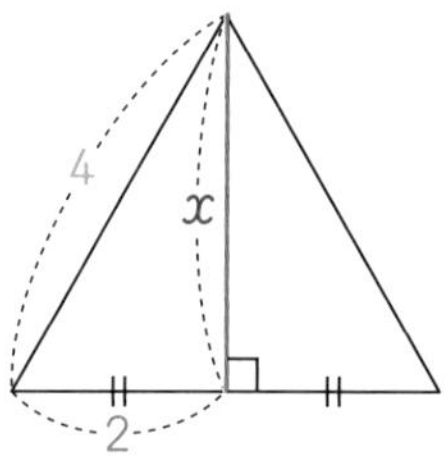

(3) 2点 A(1，1)，B(4，5) の間の距離(きょり)を求めましょう。
右の図の直角三角形ABCで

$BC = 5-1 = 4$　　$AC = 4-1 = 3$

$AB = d$ とすると

$d^2 = 4^2 + 3^2 = 25$

$d>0$ なので　$d = 5$

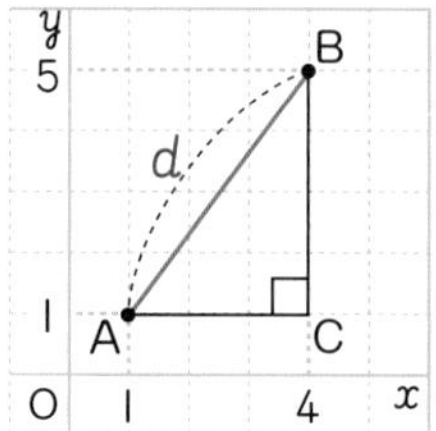

解いてみよう！

解答 p.19

1 次の問いに答えましょう。

(1) 1辺の長さが5の正方形の対角線の長さxを求めましょう。

$x^2 = □^2 + □^2 = □$

$x > 0$ なので　$x = □ = □$

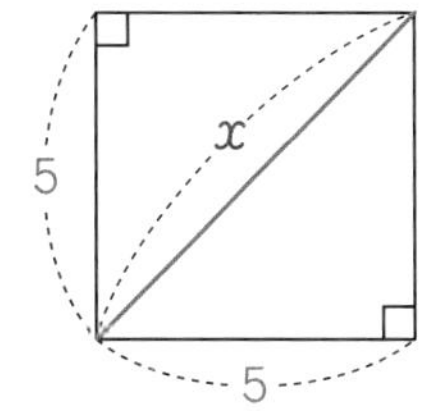

(2) 1辺の長さが$4\sqrt{3}$の正三角形の高さxを求めましょう。

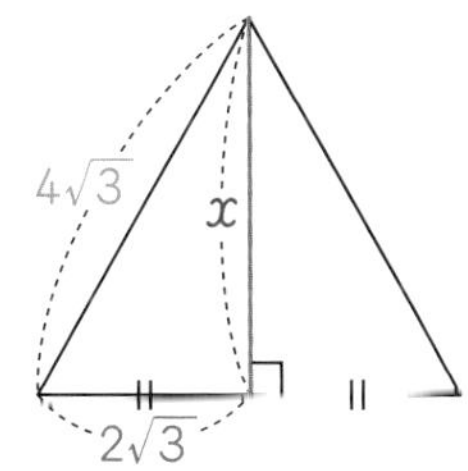

(3) 2点 A(2，1)，B(6，8) の間の距離を求めましょう。

右の図の直角三角形ABCで

BC＝8－1＝□　　AC＝6－2＝□

AB間の距離をdとすると

$d^2 = □^2 + □^2 = 49 + 16 = 65$

$d > 0$ なので　$d = □$

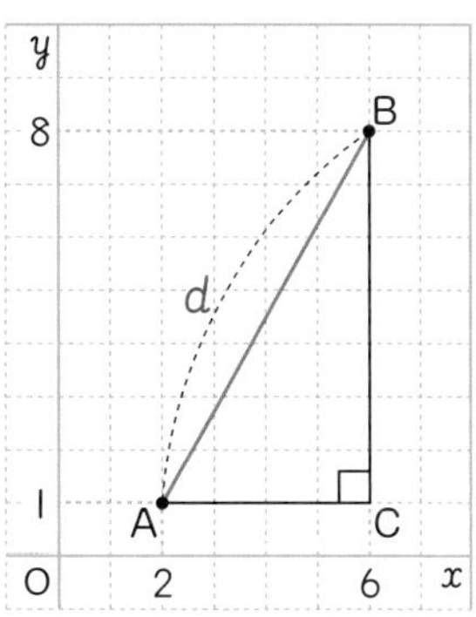

これでカンペキ 別の解き方

例 (1)では，別の解き方があります。

直角二等辺三角形（三角定規の一方）の辺の比を用いて，

$1 : 1 : \sqrt{2} = 3 : 3 : x$　としてxを出せます。

①は3倍になっているので，②も3倍になる

ステージ **44**

立体の長さ

立体のいろいろな長さを求めてみよう！

立体の場合，直角三角形が現れるような面で切って長さを出します。

1 立方体や直方体の対角線

立体の中に直角三角形をつくり，三平方の定理を使うことで
立方体の対角線の長さを求めることができます。

いろんな向きに隠れている直角三角形を探すのじゃぞ！

例　**右の立方体の x の値を求めましょう。**

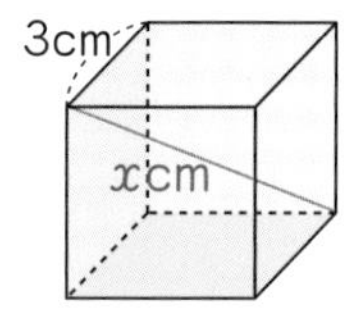

まず１辺が3cmの正方形の対角線の長さ $y$cmを
直角三角形の比「$1:1:\sqrt{2}$」を使って求めます。

$y:3=$ [$\sqrt{2}$] $:1$

$y=3\times$ [$\sqrt{2}$] $=$ [$3\sqrt{2}$]

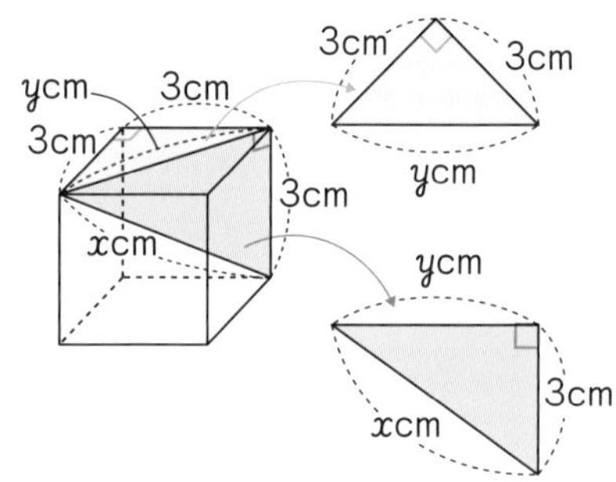

三平方の定理を使って，x の値を求めます。

$x^2=($ [$3\sqrt{2}$] $)^2+3^2$　　$18+9=$ [27]

$x>0$ なので　$x=\sqrt{27}=$ [$3\sqrt{3}$]

2 錐体の高さ

対角線と同じように，三平方の定理を使うことで
錐体（すいたい）の高さを求めることができるようになります。

例　**右の正四角錐の高さ $h$cmを求めましょう。**

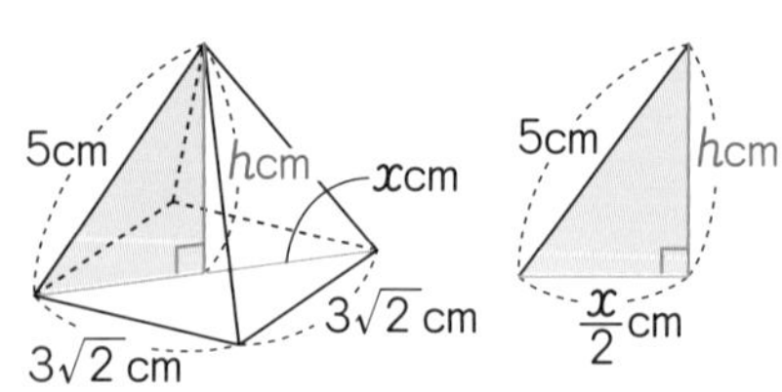

まず底面の対角線の長さを $x$cmとおきます。
直角三角形の比「$1:1:\sqrt{2}$」を使って
x の値を求めます。

$x:3\sqrt{2}=$ [$\sqrt{2}$] $:1$　　$x=3\sqrt{2}\times\sqrt{2}=$ [6]　　$\dfrac{x}{2}=$ [3]

三平方の定理を使って，h の値を求めます。

h^2+ [3] $^2=5^2$　　$h^2=25-9=$ [16]

$h>0$ なので　$h=\sqrt{16}=$ [4]

解いてみよう！

解答 p.19

1 次の問いに答えましょう。

右の立方体の x の値を求めましょう。

まず１辺が5cmの正方形の対角線の長さ $y$cmを
直角三角形の比「１：１：$\sqrt{2}$」を使って求めます。

$y : 5 =$ □ $: 1$

$y = 5 \times$ □ $=$ □

三平方の定理を使って，x の値を求めます。

$x^2 = ($ □ $)^2 + 5^2$

$x^2 = 50 + 25 =$ □　　$x > 0$ なので　$x = \sqrt{75} =$ □

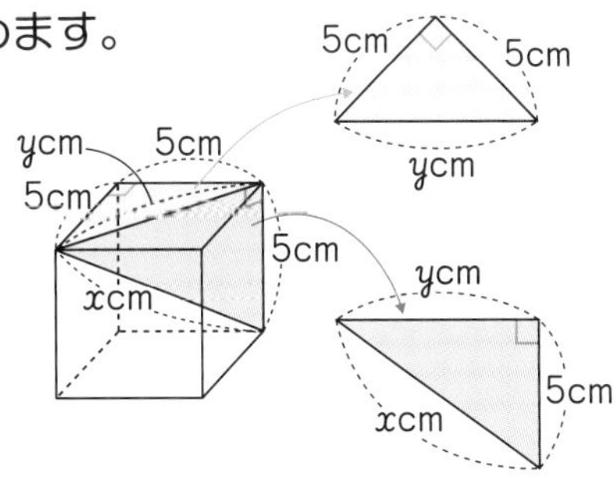

2 次の問いに答えましょう。

(1) **右の正四角錐の高さ $h$cmを求めましょう。**

まず底面の対角線の長さを $x$cmとおきます。
直角三角形の比「１：１：$\sqrt{2}$」を使って
x の値を求めます。

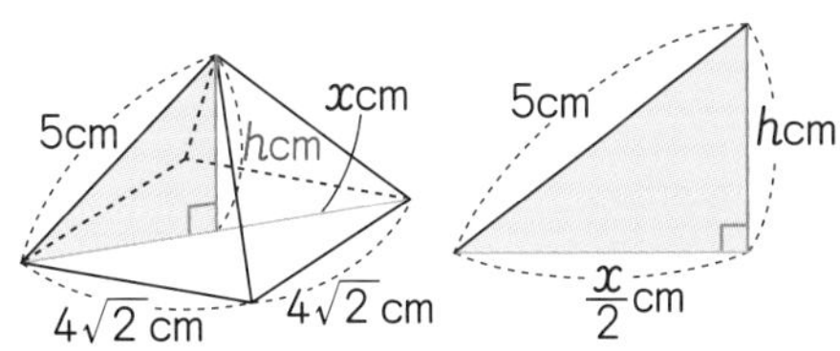

$x : 4\sqrt{2} =$ □ $: 1$　　$x = 4\sqrt{2} \times \sqrt{2} =$ □　　$\frac{x}{2} =$ □

三平方の定理を使って，h の値を求めます。

$h^2 +$ □ $^2 = 5^2$　　$h^2 = 25 - 16 =$ □　　$h > 0$ なので　$h = \sqrt{9} =$ □

(2) **右の正四角錐の高さ $h$cmを求めましょう。**

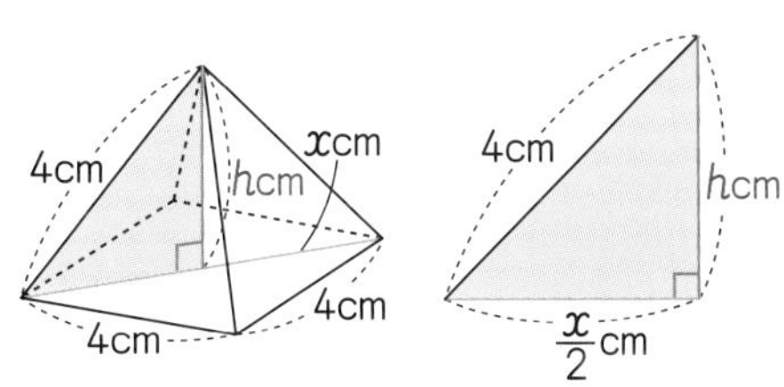

確認テスト

解答 p.20

/100点

1 三平方の定理を使って，次の直角三角形の x の値を求めましょう。(8点×2)

ステージ 41

(1)

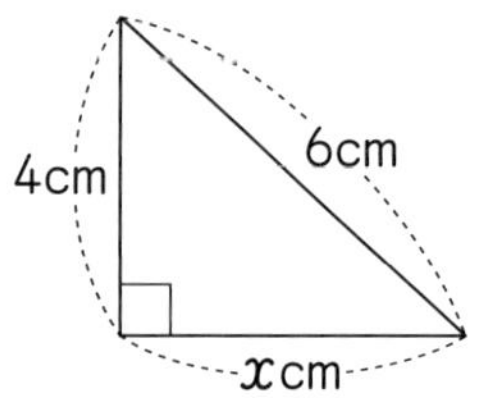

(2)

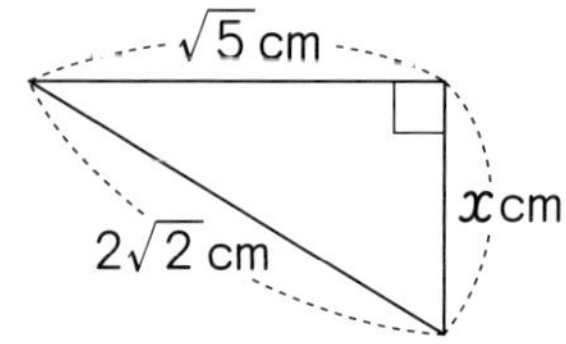

2 次の直角三角形の x の値を求めましょう。(10点×4)

ステージ 42

(1)

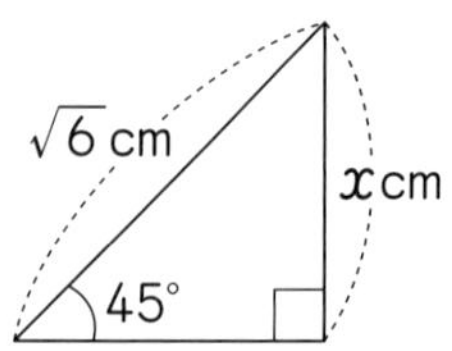

(2)

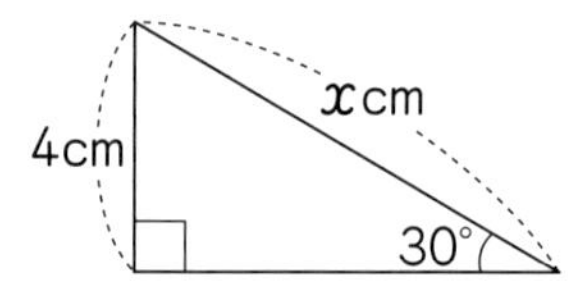

(3)

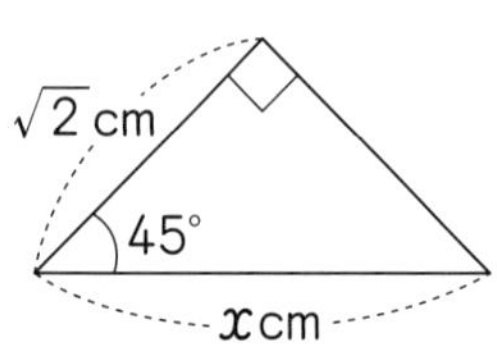

(4)

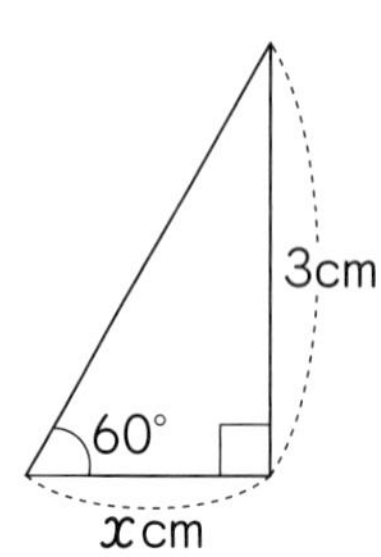

3 次の問いに答えましょう。(10点×2)

ステージ 43

(1)　1辺の長さが6cmの正三角形の高さ x cmを求めましょう。

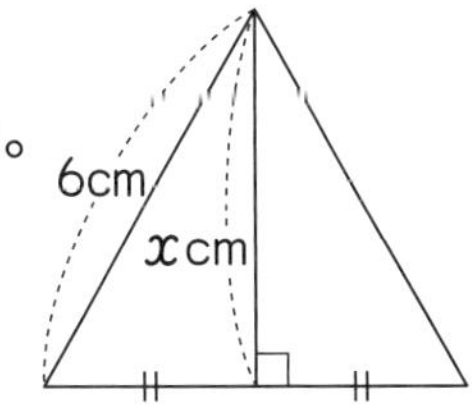

(2)　2点A(7，1)，B(2，4)の間の距離を求めましょう。

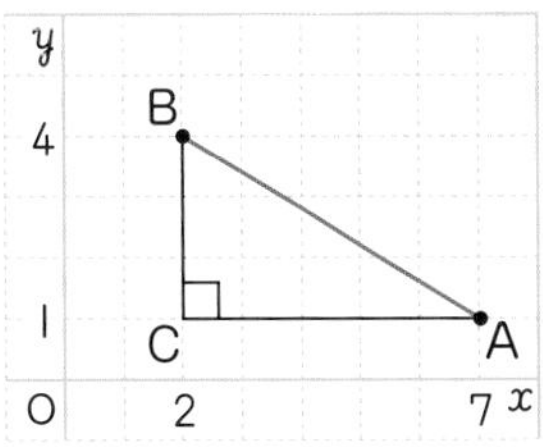

4 右の立方体の x の値を求めましょう。(12点)

ステージ 44

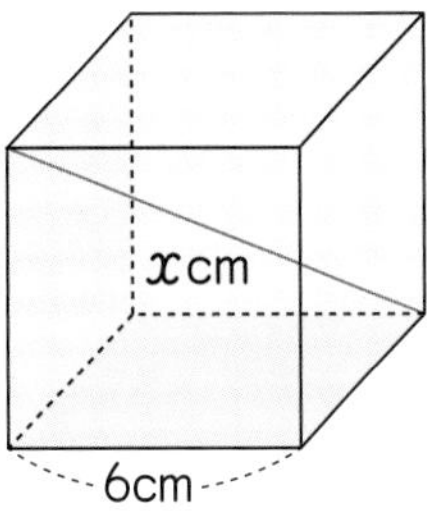

5 右の正四角錐の高さ h cmを求めましょう。(12点)

ステージ 44

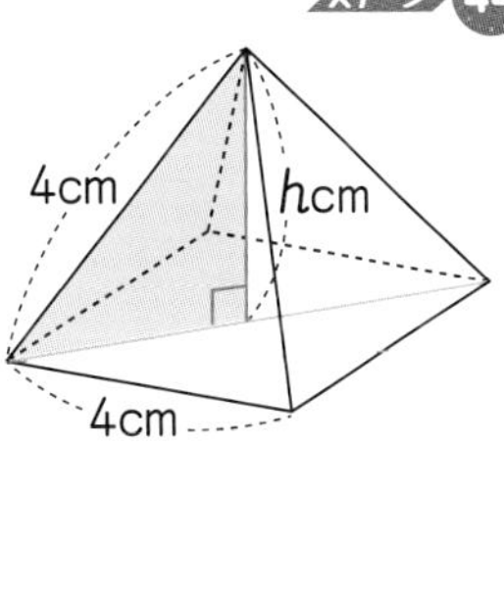

数魔小太郎からの挑戦状

解答 p.20

問題

縦 $a$cm，横 $b$cm，高さ $c$cm の直方体の対角線の長さ ℓ は，$\ell=\sqrt{a^2+b^2+c^2}$ となることを説明しなさい。

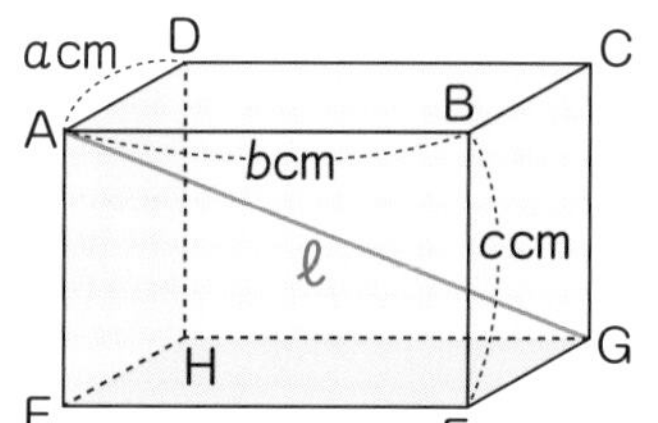

答え △ACD において三平方の定理を使うと，

$AC^2=AD^2+$ ①______ $^2=a^2+$ ②______ ^{2}

△ACG において三平方の定理を使うと

$AG^2=AC^2+CG^2=$ ③________ $+c^2$

したがって　$\ell=\sqrt{a^2+b^2+c^2}$

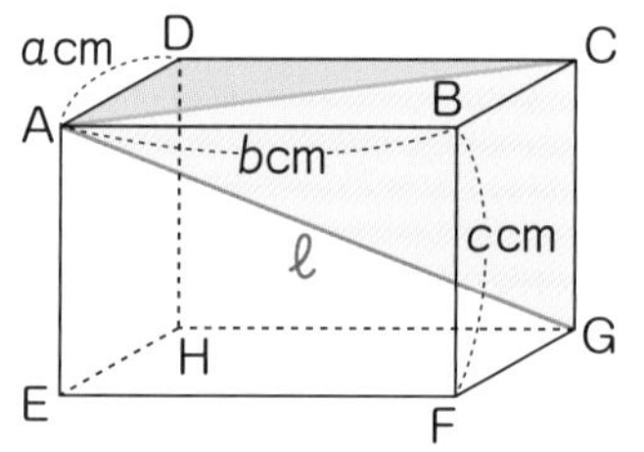

縦 4cm，横 5cm，高さ 3cm の直方体の対角線の長さを求めてみよう！

長さの等しい辺と角度をよくみて三平方の定理を使うのじゃ。

「三平方の巻」伝授！

次は標本の巻を見つけよう

8章 標本調査

次の修業の場は「標本の雪原」。

いよいよ最後の修業だ。

多くのデータをすべて調べるのは難しいが，いくつかサンプルをとって調べれば，全体が把握できるぞ！

分析力を研ぎすまし，雪に埋もれた「標本の巻」を探しだせ！

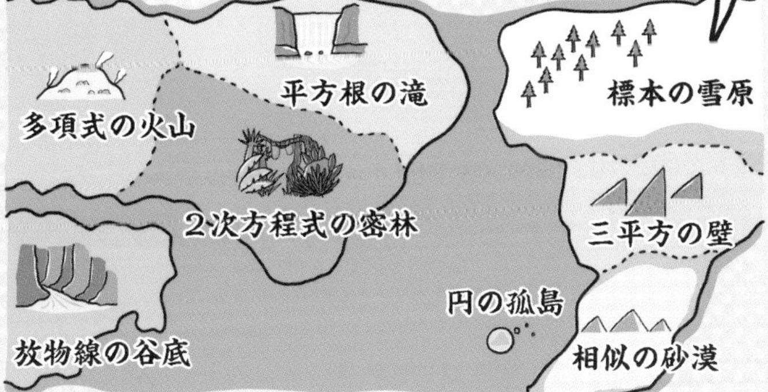

ステージ 45

標本調査

標本調査について理解しよう！

全体から一部を標本として抜き出して調査することで，全体の傾向を知ることができます。標本を抜き出す場合には無作為な抽出が必要です。

1 全数調査と標本調査

調査対象の集団について何かを調査するとき，その集団内すべてについて調査することを全数調査といい，集団内から一部を取り出して調査し，集団全体の特徴や傾向を推測する方法を標本調査といいます。

例 次のことがらを調査する場合，全数調査と標本調査のどちらが適しているか考えましょう。

ア　レトルトカレーの品質調査　**標本調査**

→すべてのレトルトパックを開封して検査すると売れません。

全部開けちゃったら，売り物がなくなるから一部だけ調べるんだね。

イ　会社や学校で行う健康診断　**全数調査**

→各個人にとって大事な情報なので，
全員行う必要があります。

2 母集団と標本

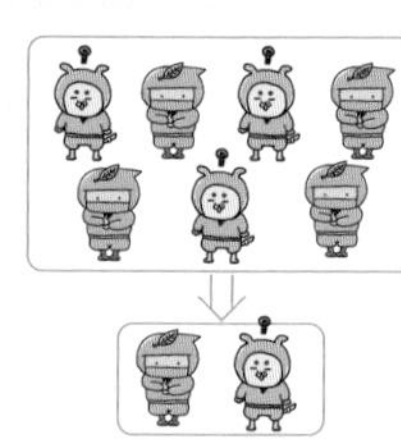

標本調査を行うときに，特徴や傾向を推測したい集団全体を母集団といい，母集団から取り出して実際に調べる一部の資料を標本といいます。
また，取り出した資料の個数を標本の大きさといいます。

例 次のそれぞれの調査（検査）での，母集団と標本の大きさを答えましょう。

ある中学校の生徒の通学時間を調べるために，各学年から30人ずつ，合計90人を選んで，回答を得ました。

母集団：**ある中学校の生徒全員**　　標本の大きさ：**90** 人

解いてみよう！

解答 p.21

1 次のことがらを調査する場合，全数調査と標本調査のどちらが適しているか考えましょう。

ア　学校で行う体力テスト［　　　］

イ　ある番組の視聴率（しちょうりつ）［　　　］

ウ　クッキー１個当たりに含まれる栄養分の検査［　　　］

エ　ある砂浜の砂に混ざる貝殻（かいがら）の割合［　　　］

2 次の調査での母集団と標本の大きさを答えましょう。

(1)　ある中学校の生徒が勉強にかける時間を調べるために，各学年から10人ずつ，合計30人を選んで，回答を得ました。

母集団：［　　　］　標本の大きさ：［　　　］人

(2)　ある工場で作られたタイヤの寿命（じゅみょう）を調査をするために，無作為に50本抽出しました。

母集団：［　　　］　標本の大きさ：［　　　］本

(3)　ある畑のトマトの出来を調べるために，畑の15か所から20個ずつ収穫しました。

母集団：［　　　］　標本の大きさ：［　　　］個

これでカンペキ　コンピューターの関数を使った無作為な抽出

コンピューターの表計算ソフトのRAND関数を使って乱数をつくり，それをもとに取り出すことで，偏りのない標本の無作為な抽出をすることができます。

ステージ 46

標本調査の利用

標本調査を利用して計算してみよう！

標本での割合を，母集団にもあてはめることで，母集団の個数を推測できます。

1 母集団全体の数量の推測

標本調査を行うことで母集団の特徴や傾向がつかめます。
母集団の大きさや，母集団内のさまざまな割合を推測することができます。

例 次の問いに答えましょう。

(1) ある工場で作られた製品100個を調べたところ，4個が不良品でした。
この工場で作られた製品5000個には，いくつの不良品がふくまれると考えられますか。

全体数 [5000] 個には標本と同じ割合で不良品がふくまれると考えられます。

[100] 個のうち [4] 個が不良品であったことから，[5000] × $\frac{4}{100}$ = [200]

よって，不良品の個数はおよそ [200] 個となります。

(2) ある畑にいるバッタの数を知るために，畑の数か所で合計240匹（ひき）のバッタを捕りました。これらのバッタに印をつけ，同じ畑に返しました。5日後に，再び畑の数か所で300匹のバッタを捕ると，このうち10匹に印がありました。この畑には何匹のバッタがいると推測できますか。ただし，バッタは畑の外との出入りはしないものとします。

バッタの数を推測できれば，どれくらいの被害が出るか予想できるのじゃ。

母集団には標本と同じ割合で印がついていると考えます。

2回目に捕った [300] 匹(標本)のうち [10] 匹に印があったことから，母集団の数を x 匹とすると，$\frac{10}{300} = \frac{240}{x}$ となるため，x = [7200]

よって，バッタの数はおよそ [7200] 匹となります。

月　日

解いてみよう！

解答 p.21

1 ある工場で作られた製品1000個を調べたところ，2個が不良品でした。この工場では，毎日45000個の製品を作っています。1日分の製品には，何個の不良品がふくまれると考えられますか。

全体数［　　］個には標本と同じ割合で不良品がふくまれると考えられます。［　　］個のうち［　］個が不良品であったことから，

$45000\times\frac{\square}{\square}=\square$　　よって，不良品の数はおよそ［　］個となる。

2 ある湖にいる魚の数を知るために，わなで魚を捕獲（ほかく）しました。捕獲した魚は288匹でした。これらの魚すべてに印をつけて，湖に返しました。10日後，同じ方法で魚を捕獲したところ，562匹の中に印をつけた魚が18匹いました。この湖には何匹の魚がいると考えられますか。

母集団には標本と同じ割合で印がついていると考えられます。

2回目に捕獲した［　　］匹のうち［　］匹に印があったことから，

湖にいる魚の数をx匹とすると，$\frac{288}{x}=\frac{\square}{\square}$

$x=288\times\frac{562}{18}=\square$　　よって，魚の数はおよそ［　　］匹となる。

これでカンペキ 比を使った計算

例 (2)について，母集団での(印つき個体)：(全個体)が，
標本での(印つきの個体)：(標本全体の300匹)と等しいので，式にすることができます。

$240:x=10:300$

$10x=240\times300$

$x=240\times\frac{300}{10}$

$x=7200$　　バッタの数はおよそ7200匹

8章 標本調査

確認テスト

解答 p.22

/100点

1 次のことがらを調査する場合，全数調査と標本調査のどちらが適しているか考えましょう。（10点×4）

ステージ 45

(1) 国勢調査

(2) 河川の水質検査

(3) 都道府県ごとのウイルス感染率

(4) 世論調査

2 次のそれぞれの調査での，母集団と標本の大きさを答えましょう。（10点×2）

ステージ 45

(1) ある工場で1日に一定量のポテトチップスを製造・袋詰(ふくろづ)めしています。これらの袋詰めされたポテトチップスに不良品がないかどうかを調べるために，毎日1000袋を選んで検査しています。

母集団

標本の大きさ

(2) ぶどう畑のぶどうの糖度を調査するために，ぶどう畑の10か所から5房(ふさ)ずつのサンプルを採取しました。

母集団

標本の大きさ

3 次の問いに答えましょう。(20点×2)　ステージ 46

(1) ある店であたりつきのお菓子を毎日1個ずつ買ったところ，10日で2個のあたりがでました。この店ではこのお菓子を毎日150個仕入れています。1日に仕入れるお菓子の中には，いくつのあたりがふくまれていると考えられますか。

(2) ある公園の池でコイの数を知るために，網でコイを捕獲したところ，捕獲したコイは41匹でした。これらすべてに印をつけて池にもどし，10日後に同じ方法で捕獲したところ，57匹の中に印をつけたコイが19匹いました。この池には全部で何匹のコイがいると考えられますか。

数魔小太郎からの挑戦状

解答 p.22

問題

増太郎（ますたろう）が集めた白玉と，数々丸（すすまる）が集めた青玉が合わせて300個あります。これを箱の中に入れよくかき混ぜました。その中から20個の玉を無作為に取り出して，それぞれの色の個数を数えてから箱にもどすことを5回行い表にまとめました。このとき，箱の中には白玉と青玉がおよそ何個あると考えられますか。

	1回目	2回目	3回目	4回目	5回目
白玉	14	7	11	16	12
青玉	6	13	9	4	8

答え　5回で出てきた白玉の個数の合計は，

14+7+11+16+12=①＿＿＿＿＿(個)

取り出した玉の合計は20(個)×5(回)=②＿＿＿＿＿(個)なので

青玉の合計は100−60=③＿＿＿＿＿(個)となり，

これより白玉と青玉の比はおよそ

①＿＿＿＿＿：③＿＿＿＿＿=④＿＿＿＿＿：⑤＿＿＿＿＿となる。

白玉の総数をx個とおくと④＿＿＿＿＿：⑤＿＿＿＿＿=x:(300−x)

④＿＿＿＿＿×(300−x)=⑤＿＿＿＿＿×x　　−5x=−900

x=⑥＿＿＿＿＿　　よって青玉は　300−⑥＿＿＿＿＿=⑦＿＿＿＿＿(個)

白玉 およそ⑥＿＿＿＿＿個　　青玉 およそ⑦＿＿＿＿＿個

まずは取り出した玉を色ごとにそれぞれ合計して，比（ひ）を求めて考えるのじゃ。
これで中学校の数学の学習は終了じゃ！よくがんばったの。

「標本の巻」伝授！

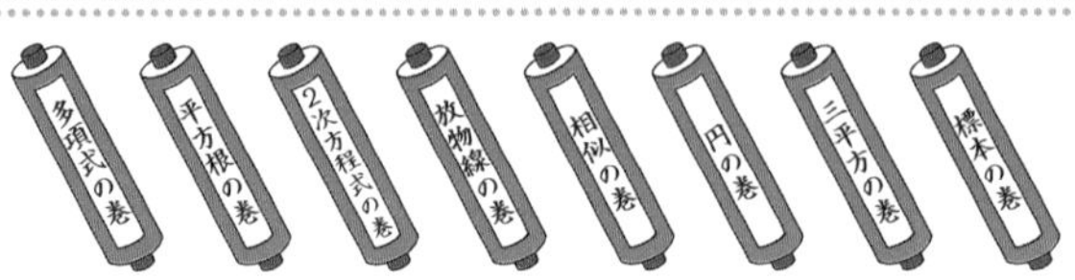

すべての巻物をゲットした！
さあ，算術の里へ帰ろう！

②

□ 編集協力 ㈱エディット 尾﨑恵理子 細川啓太郎

□ 本文デザイン studio1043 CONNECT

□ DTP 平デザイン 遠藤広野

□ 図版作成 平デザイン 遠藤広野

□ イラスト さやましょうこ（㈲マイプラン）

シグマベスト

ぐーんっとやさしく
中３数学

編 者 文英堂編集部

発行者 益井英郎

印刷所 凸版印刷株式会社

発行所 株式会社文英堂

〒601-8121 京都市南区上鳥羽大物町28

〒162-0832 東京都新宿区岩戸町17

(代表)03-3269-4231

●落丁・乱丁はおとりかえします。

中3数学

ぐーんっとやさしく

解答と解説

文英堂

ステージ 1

多項式と単項式の乗法と除法

多項式と単項式のかけ算・わり算をしよう！

1 次の計算をしましょう。

(1) $2a(4a+3b)$

$=2a\times\boxed{4a}+2a\times\boxed{3b}$

$=\boxed{8a^2}+\boxed{6ab}$

(2) $-3x(x+5y)$

$=(-3x)\times x+(-3x)\times 5y$

$=-3x^2-15xy$

(3) $(a-4b)\times 2a$

$=a\times\boxed{2a}-4b\times\boxed{2a}$

$=\boxed{2a^2}-\boxed{8ab}$

(4) $(2x-3y)\times(-7y)$

$=2x\times(-7y)-3y\times(-7y)$

$=-14xy+21y^2$

2 次の計算をしましょう。

(1) $(6x^2y-3xy^2)\div 3y$

$=(6x^2y-3xy^2)\times\boxed{\frac{1}{3y}}$

$=6x^2y\times\boxed{\frac{1}{3y}}-3xy^2\times\boxed{\frac{1}{3y}}$

$=\boxed{\frac{6x^2y\times 1}{3y}}-\boxed{\frac{3xy^2\times 1}{3y}}$

$=\boxed{2x^2}-\boxed{xy}$

(2) $(4a^2+ab)\div\frac{1}{3}a$

$=(4a^2+ab)\div\frac{a}{3}$

$=(4a^2+ab)\times\frac{3}{a}$

$=4a^2\times\frac{3}{a}+ab\times\frac{3}{a}$

$=\frac{4a^2\times 3}{a}+\frac{ab\times 3}{a}$

$=12a+3b$

ステージ 2

多項式の乗法

多項式どうしのかけ算をしよう！

1 $y+4=M$とおきかえて，次の式を展開しましょう。

$(x+3)(y+4)$

$=(x+3)M$ ←$y+4=M$とおきます

$=x\times\boxed{M}+3\times\boxed{M}$

$=x\boxed{(y+4)}+3\boxed{(y+4)}$

$=\boxed{xy}+\boxed{4x}+\boxed{3y}+\boxed{12}$

2 次の式を展開しましょう。

(1) $(x+5)(x-2)$

$=\boxed{x}\times x-\boxed{x}\times 2+\boxed{5}\times x-\boxed{5}\times 2$

$=\boxed{x^2}-\boxed{2x}+\boxed{5x}-\boxed{10}$

$=\boxed{x^2}+\boxed{3x}-\boxed{10}$

(2) $(x-7)(x-3)$

$=x\times x-x\times 3-7\times x+7\times 3$

$=x^2-3x-7x+21$

$=x^2-10x+21$

(3) $(x+3y)(4x+y)$

$=\boxed{x}\times 4x+\boxed{x}\times y+\boxed{3y}\times 4x+\boxed{3y}\times y$

$=\boxed{4x^2}+\boxed{xy}+\boxed{12xy}+\boxed{3y^2}$

$=\boxed{4x^2}+\boxed{13xy}+\boxed{3y^2}$

(4) $(2x-y)(3x-6y)$

$=2x\times 3x-2x\times 6y-y\times 3x+y\times 6y$

$=6x^2-12xy-3xy+6y^2$

$=6x^2-15xy+6y^2$

ステージ 3

乗法公式①

$(x+a)(x+b)$を展開しよう！

1 次の式を展開しましょう。

(1) $(x+2)(x+3)$

$=x^2+(\boxed{2}+\boxed{3})x+\boxed{2}\times\boxed{3}$ （和，積）

$=x^2+\boxed{5}x+\boxed{6}$

(2) $(x+5)(x+3)$

$=x^2+(5+3)x+5\times 3$

$=x^2+8x+15$

和　積

(3) $(x+6)(x-4)$

$=x^2+\{\boxed{6}+(\boxed{-4})\}x+\boxed{6}\times(\boxed{-4})$ （和，積）

$=x^2+\boxed{2}x-\boxed{24}$

(4) $(x+2)(x-9)$

$=x^2+\{2+(-9)\}x+2\times(-9)$

$=x^2-7x-18$

和　積

(5) $(x-1)(x-2)$

$=x^2+\{(\boxed{-1})+(\boxed{-2})\}x+(\boxed{-1})\times(\boxed{-2})$ （和，積）

$=x^2-\boxed{3}x+\boxed{2}$

(6) $(x-3)(x-1)$

$=x^2+\{-3+(-1)\}x+(-3)\times(-1$

$=x^2-4x+3$

和　積

ステージ 4

乗法公式②

$(x+a)^2$, $(x-a)^2$ を展開しよう！

1 次の式を展開しましょう。

(1) $(x+4)^2$

$=x^2+\boxed{2}\times\boxed{4}\times\boxed{x}+\boxed{4}^2$

$=x^2+\boxed{8x}+\boxed{16}$

(2) $(x+3)^2$

$=x^2+2\times 3\times x+3^2$

$=x^2+6x+9$

(3) $(x-6)^2$

$=x^2-\boxed{2}\times\boxed{6}\times\boxed{x}+\boxed{6}^2$

$=x^2-\boxed{12x}+\boxed{36}$

(4) $(x-9)^2$

$=x^2-2\times 9\times x+9^2$

$=x^2-18x+81$

(5) $(x-5y)^2$

$=x^2-\boxed{2}\times\boxed{5y}\times\boxed{x}+(\boxed{5y})^2$

$=x^2-\boxed{10xy}+\boxed{25y^2}$

(6) $(x-8y)^2$

$=x^2-2\times 8y\times x+(8y)^2$

$=x^2-16xy+64y^2$

ステージ 5

乗法公式③

$(x+a)(x-a)$を展開しよう！

1 次の式を展開しましょう。

(1) $(x+5)(x-5)$

$=x^2-\boxed{5}^2$

$=\boxed{x^2-25}$

(2) $(x+9)(x-9)$

$=x^2-9^2$

$=x^2-81$

(3) $(7+x)(7-x)$

$=\boxed{7}^2-x^2$

$=\boxed{49-x^2}$

(4) $(6+x)(6-x)$

$=6^2-x^2$

$=36-x^2$

(5) $\left(\frac{x}{2}+1\right)\left(\frac{x}{2}-1\right)$

$=\left(\boxed{\frac{x}{2}}\right)^2-1^2$

$=\boxed{\frac{x^2}{4}-1}$

(6) $\left(\frac{x}{3}+\frac{1}{2}\right)\left(\frac{x}{3}-\frac{1}{2}\right)$

$=\left(\frac{x}{3}\right)^2-\left(\frac{1}{2}\right)^2$

$=\frac{x^2}{9}-\frac{1}{4}$

(7) $(7x+2y)(7x-2y)$

$=(7x)^2-(\boxed{2y})^2$

$=\boxed{49x^2-4y^2}$

(8) $(3a+4b)(3a-4b)$

$=(3a)^2-(4b)^2$

$=9a^2-16b^2$

ステージ 6

乗法公式④

いろいろな式を展開してみよう！

1 次の式を展開しましょう。

(1) $(3x+4y)(3x-2y)$

$=\{\boxed{3x}+4y\}\{\boxed{3x}+(-2y)\}$

$=(\boxed{3x})^2+(\boxed{4y-2y})\times 3x+\boxed{4y\times(-2y)}$

$=\boxed{9x^2+6xy-8y^2}$

(2) $(2a-5b)(2a-3b)$

$=\{2a+(-5b)\}\{2a+(-3b)\}$

$=(2a)^2+(-5b-3b)\times 2a+(-5b)\times(-3b)$

$=4a^2-16ab+15b^2$

(3) $(a+b+5)(a+b-5)$

$=(A+5)(A-5)$ ←$(a+b)=A$とおきます

$=A^2-\boxed{5}^2$

$=A^2-\boxed{25}$

$=(\boxed{a+b})^2-25$

$=\boxed{a^2+2ab+b^2-25}$

(4) $(x+y+4)(x+y-4)$

$=(A+4)(A-4)$

$=A^2-4^2$

$=A^2-16$

$=(x+y)^2-16$

$=x^2+2xy+y^2-16$

$(x+y)=A$とおきます

ステージ 7

因数分解

共通因数でくくってみよう！

1 次の等式を見て，右辺の因数を答えましょう。

(1) $(x+1)(x+2)=x^2+3x+2$

x^2+3x+2 の因数は

$\boxed{x+1,\ x+2}$

(2) $(x+10)(x-2)=x^2+8x-20$

$x^2+8x-20$ の因数は

$x+10,\ x-2$

2 次の式を，共通因数を見つけて因数分解しましょう。

(1) $ab-bc$

$=\boxed{a}\times\boxed{b}-\boxed{b}\times\boxed{c}$

$=\boxed{b(a-c)}$

(2) $6ax+3ay$

$=2\times 3\times a\times x+3\times a\times y$

$=3a(2x+y)$

2つの項の共通因数は $3a$

(3) $2a^2b-8ab^2$

$=\boxed{2}\times\boxed{a}\times\boxed{a}\times\boxed{b}-\boxed{2}\times\boxed{2}\times\boxed{2}\times\boxed{a}\times\boxed{b}\times\boxed{b}$

8を素因数の積の形で表す

$=\boxed{2ab(a-4b)}$

(4) $\ell x+mx+nx$

$=\ell\times x+m\times x+n\times x$

$=x(\ell+m+n)$

3つの項の共通因数は x

ステージ 8

因数分解の公式①

$x^2+(a+b)x+ab$を因数分解しよう！

1 次の式を因数分解しましょう。

(1) $x^2+8x+12$

和が$\boxed{8}$，積が$\boxed{12}$になる

組み合わせは$\boxed{2}$，$\boxed{6}$なので

$x^2+8x+12$

$=\boxed{(x+2)(x+6)}$

(2) $x^2+11x+24$

和が11，積が24になる

組み合わせは3，8なので

$x^2+11x+24$

$=(x+3)(x+8)$

(3) $x^2+2x-35$

和が$\boxed{2}$，積が$\boxed{-35}$になる

組み合わせは$\boxed{-5}$，$\boxed{7}$なので

$x^2+2x-35$

$=\boxed{(x-5)(x+7)}$

(4) x^2+7x-8

和が7，積が−8になる

組み合わせは−1，8なので

x^2+7x-8

$=(x-1)(x+8)$

ステージ 9

因数分解の公式②

$x^2+2ax+a^2$, x^2-a^2を因数分解しよう!

1 次の式を，因数分解しましょう。

(1) x^2-6x+9

$6x=2\times3\times x$，$9=3^2$ となるので

x^2-6x+9

$=x^2-\boxed{2\times3\times x}+\boxed{3}^2$

$=\boxed{(x-3)^2}$

(2) $x^2+16x+64$

$16x=2\times8\times x$，$64=8^2$

となるので

$x^2+16x+64$

$=x^2+2\times8\times x+8^2$

$=(x+8)^2$

(3) x^2-49

$x^2=x\times x$，$49=7\times7$ となるので

x^2-49

$=x^2-\boxed{7}^2$

$=\boxed{(x+7)(x-7)}$

(4) $9x^2-16y^2$

$9x^2=3\times3\times x\times x$,

$16y^2=4\times4\times y\times y$

となるので

$9x^2-16y^2$

$=(3x)^2-(4y)^2$

$=(3x+4y)(3x-4y)$

ステージ 10

因数分解の公式③

いろいろな式を因数分解してみよう!

1 次の式の中で，左ページの公式 2′ を使って因数分解できるものを1つ選びましょう。

ア x^2-25 …… x^2-a^2の形なので，使う公式は $\boxed{4}'$

イ $x^2+7x+10$ …… 最後の項がa^2の形ではないので，使う公式は $\boxed{1}'$

ウ $x^2-10x+25$ …… $x^2-2ax+a^2$の形なので，使う公式は $\boxed{3}'$

エ $x^2+10x+25$ …… $x^2+2ax+a^2$の形なので，使う公式は $\boxed{2}'$

よって，答えは $\boxed{エ}$ です。

2 次の式を因数分解しましょう。

(1) $6x^2-24$

$=\boxed{6}(x^2-4)$

$=\boxed{6}(\boxed{x}^2-\boxed{2}^2)$

$=\boxed{6(x+2)(x-2)}$

(2) $4ax^2+16ax+16a$

$=4a(x^2+4x+4)$

$=4a(x^2+2\times2\times x+2^2)$

$=4a(x+2)^2$

(3) $3x^2y-27xy+54y$

$=\boxed{3y}(x^2-9x+18)$

$=\boxed{3y}\{x^2+\{(-3)+(-6)\}x+(-3)\times(-6)\}$

$=\boxed{3y(x-3)(x-6)}$

(4) $abx^2-2abx+ab$

$=ab(x^2-2x+1)$

$=ab(x^2-2\times1\times x+1^2)$

$=ab(x-1)^2$

ステージ 11

式の計算への利用

因数分解を使ってみよう!

1 次の式を展開や因数分解を使って計算しましょう。

(1) 29^2

$=(30-1)^2$ ← $(a-b)^2$の公式が使えます $a=30$, $b=1$

$=\boxed{30}^2-2\times30\times1+\boxed{1}^2$

$=\boxed{900}-\boxed{60}+1$

$=\boxed{841}$

(2) 61^2

$=(60+1)^2$

$=60^2+2\times60\times1+1^2$

$=3600+120+1$

$=3721$

(3) 33^2-3^2 ← a^2-b^2の公式が使えます $a=33$, $b=3$

$=(\boxed{33+3})\times(\boxed{33-3})$

$=\boxed{36}\times\boxed{30}$

$=\boxed{1080}$

(4) 87^2-13^2

$=(87+13)\times(87-13)$

$=100\times74$

$=7400$

2 次の式の値を因数分解を使って計算しましょう。

(1) $x=83$，$y=73$ のとき

$x^2-2xy+y^2$ ← 公式 $a^2-2ab+b^2=(a-b)^2$ を使って因数分解します

$=(x-y)^2$

$=(\boxed{83}-\boxed{73})^2$

$=\boxed{10}^2=\boxed{100}$

(2) $x=73$，$y=27$ のとき

$x^2+2xy+y^2$

$=(x+y)^2$

$=(73+27)^2$

$=100^2$

$=10000$

確認テスト 1章

1 (1) $20x^2+12xy$　(2) $\frac{a^2}{2}-2a$

解説 (1) $4x(5x+3y)$
$=4x\times5x+4x\times3y$
$=20x^2+12xy$
(2) $(2a^2b-8ab)\div4b$
$=(2a^2b-8ab)\times\frac{1}{4b}$
$=2a^2b\times\frac{1}{4b}-8ab\times\frac{1}{4b}$
$=\frac{a^2}{2}-2a$

2 (1) $ax+bx+a+b$　(2) $x^2-5x-24$
(3) $x^2-14x+49$　(4) $4a^2-25b^2$

解説 (1) $(x+1)(a+b)$
$=ax+bx+a+b$
(2) $(x+3)(x-8)$
$=x^2+\{3+(-8)\}x+3\times(-8)$
$=x^2-5x-24$
(3) $(x-7)^2$
$=x^2-2\times7\times x+7^2$
$=x^2-14x+49$
(4) $(2a+5b)(2a-5b)$
$=(2a)^2-(5b)^2=4a^2-25b^2$

3 (1) $4x^2-4xy-15y^2$
(2) $a^2+2ab+b^2-64$

解説 (1) $(2x+3y)(2x-5y)$
$=(2x+3y)\{2x+(-5y)\}$
$=(2x)^2+(3y-5y)\times2x+3y\times(-5y)$
$=4x^2-4xy-15y^2$
(2) $a+b=A$ とおくと
$(a+b+8)(a+b-8)$
$=(A+8)(A-8)$
$=A^2-8^2=(a+b)^2-8^2$
$=a^2+2ab+b^2-64$

4 (1) $5y(2x+3)$　(2) $(x+3)(x-9)$
(3) $(x-7)^2$　(4) $(x+6)(x-6)$

解説 (1) $10xy+15y$
$=5\times2\times x\times y+5\times3\times y$
…2つの項の共通因数は 5, y
$=5y(2x+3)$
(2) 和が-6, 積が-27になる組み合わせは
3, -9なので,
$x^2-6x-27=(x+3)(x-9)$
(3) $14x=2\times7\times x$, $49=7^2$となるので
$x^2-14x+49=x^2-2\times7\times x+7^2$
$=(x-7)^2$
(4) $x^2=x\times x$, $36=6\times6$となるので
$x^2-36=x^2-6^2=(x+6)(x-6)$

5 (1) $3(x+3)(x-3)$　(2) $5a(x+5)^2$

解説 (1) $3x^2-27$
$=3(x^2-9)=3(x^2-3^2)$
$=3(x+3)(x-3)$
(2) $5ax^2+50ax+125a$
$=5a(x^2+10x+25)=5a(x+5)^2$

6 (1) 9801　(2) 7600

解説 (1) $99^2=(100-1)^2$
$=100^2-2\times100\times1+1^2$
$=10000-200+1=9801$
(2) $88^2-12^2=(88+12)(88-12)$
$=100\times76=7600$

7 (1) 100　(2) 10000

解説 (1) $x^2-6xy+9y^2=(x-3y)^2$
$=(34-3\times8)^2=100$
(2) $4x^2+4xy+y^2=(2x+y)^2$
$=(2\times25+50)^2=10000$

数魔小太郎からの挑戦状

答え ①71　②29　③100
④42　⑤4200　⑥0.64
⑦0.36　⑧1　⑨0.28
⑩0.28

解説 a^2-b^2の計算で, $a+b$または$a-b$が計算しやすい値になるときは,
$a^2-b^2=(a+b)(a-b)$
としてから計算する。

ステージ 12 平方根のルール

平方根を使って表すときのルールを覚えよう！

1 次の数を求めましょう。

(1) 4の平方根

$\boxed{2}^2=4$, $(\boxed{-2})^2=4$

正の数　負の数

よって，4の平方根は，$\boxed{\pm 2}$ です。

(2) 100の平方根

$10^2=100$

$(-10)^2=100$

よって，100の平方根は ± 10 です。

(3) 15の平方根

$\boxed{\pm\sqrt{15}}$

(4) 30の平方根

$\pm\sqrt{30}$

2 次の数を$\sqrt{\ }$を使わずに表しましょう。

(1) $\sqrt{36}$

$=\sqrt{\boxed{6}^2}=\boxed{6}$

$\sqrt{○^2}$ の形をつくります

(2) $\sqrt{1}$

$=\sqrt{1^2}=1$

(3) $-\sqrt{4}$

$=-\sqrt{\boxed{2}^2}=\boxed{-2}$

$\sqrt{○^2}$ の形をつくります

(4) $-\sqrt{49}$

$=-\sqrt{7^2}=-7$

ステージ 13 平方根の大小関係

平方根の大小関係を調べてみよう！

1 次の各組の数の大小を不等号を使って表しましょう。

(1) $\sqrt{11}$，$\sqrt{15}$

$11\boxed{<}15$ より，

2乗した数をくらべます

$\sqrt{11}\boxed{<}\sqrt{15}$ となります。

(2) $\sqrt{6}$，$\sqrt{5}$

$6>5$ より，

$\sqrt{6}>\sqrt{5}$ となります。

(3) $\sqrt{10}$，5

$(\sqrt{10})^2=10$，$5^2=25$ で，

$10\boxed{<}25$ なので，

2乗した数をくらべます

$\sqrt{10}\boxed{<}5$ となります。

(4) 6，$\sqrt{37}$

$6^2=36$，$(\sqrt{37})^2=37$ で，

$36<37$ なので，

$6<\sqrt{37}$ となります。

2 次の数の中から，無理数を選びましょう。

ア $-\frac{2}{7}$　イ $\sqrt{25}$　ウ 2.6　エ $\sqrt{1000}$　オ $-\sqrt{81}$

ア $-\frac{2}{7}$ は分数なので，有理数です。

イ $\sqrt{25}=5$ となり，有理数です。

ウ $2.6=\frac{26}{10}=\frac{13}{5}$ と分数で表せるので，有理数です。

エ $\sqrt{1000}=10\sqrt{10}$ は無理数です。

オ $-\sqrt{81}=-9$ となり，有理数です。

よって，無理数は エ です。

ステージ 14 根号をふくむ式の乗除

根号をふくむ式のかけ算・わり算をしよう！

1 次の計算をしましょう。

(1) $\sqrt{3}\times\sqrt{5}$

$=\sqrt{\boxed{3}\times\boxed{5}}$

$=\boxed{\sqrt{15}}$

(2) $\sqrt{6}\times\sqrt{2}$

$=\sqrt{3\times2}\times\sqrt{2}$

$=\sqrt{3}\times\sqrt{2}\times\sqrt{2}=\sqrt{3}\times2$

$=2\sqrt{3}$

この計算を先に

(3) $\sqrt{6}\div\sqrt{2}$

$=\sqrt{\dfrac{\boxed{6}}{\boxed{2}}}$

ここで約分

$=\boxed{\sqrt{3}}$

(4) $\sqrt{18}\div\sqrt{2}$

$=\sqrt{\dfrac{18}{2}}$ ←ここで約分

$=\sqrt{9}$ ←$9=3\times3$

$=3$

2 次の指示に従って数を変形しましょう。

(1) $3\sqrt{3}$ を$\sqrt{a}$ の形にしましょう。

$3\sqrt{3}=\boxed{3}\times\sqrt{3}=\sqrt{3^2}\times\sqrt{3}=\sqrt{\boxed{9\times3}}=\boxed{\sqrt{27}}$

(2) $2\sqrt{5}$ を$\sqrt{a}$ の形にしましょう。

$2\sqrt{5}=2\times\sqrt{5}=\sqrt{2^2}\times\sqrt{5}=\sqrt{4\times5}=\sqrt{20}$

(3) $\sqrt{12}$ を$a\sqrt{b}$ の形にしましょう。

$\sqrt{12}=\sqrt{\boxed{2^2\times3}}=\boxed{2}\times\boxed{\sqrt{3}}=\boxed{2\sqrt{3}}$

(4) $\sqrt{125}$ を$a\sqrt{b}$ の形にしましょう。

$\sqrt{125}=\sqrt{5^2\times5}=5\times\sqrt{5}=5\sqrt{5}$

$\sqrt{5^3}$ にするとわかりにくいため

ステージ 15 分母の有理化

分母に根号がない形にしよう！

1 次の数の分母を有理化しましょう。

(1) $\dfrac{5}{\sqrt{3}}=\dfrac{5\times\boxed{\sqrt{3}}}{\sqrt{3}\times\boxed{\sqrt{3}}}=\boxed{\dfrac{5\sqrt{3}}{3}}$

分母と分子に$\sqrt{3}$ をかけます

(2) $\dfrac{2}{\sqrt{5}}=\dfrac{2\times\sqrt{5}}{\sqrt{5}\times\sqrt{5}}=\dfrac{2\sqrt{5}}{5}$

(3) $\dfrac{12}{\sqrt{3}}=\dfrac{12\times\boxed{\sqrt{3}}}{\sqrt{3}\times\boxed{\sqrt{3}}}=\dfrac{\boxed{12\sqrt{3}}}{\boxed{3}}=\boxed{4\sqrt{3}}$

分母に現れた3と分子の12とで約分します

(4) $\dfrac{5}{2\sqrt{2}}=\dfrac{5\times\sqrt{2}}{2\sqrt{2}\times\sqrt{2}}=\dfrac{5\sqrt{2}}{2\times2}=\dfrac{5\sqrt{2}}{4}$

$2\sqrt{2}$ ではなく$\sqrt{2}$ だけをかけます

(5) $\dfrac{\sqrt{5}}{\sqrt{6}}=\dfrac{\sqrt{5}\times\boxed{\sqrt{6}}}{\sqrt{6}\times\boxed{\sqrt{6}}}=\boxed{\dfrac{\sqrt{30}}{6}}$

(6) $\dfrac{\sqrt{3}}{\sqrt{2}}=\dfrac{\sqrt{3}\times\sqrt{2}}{\sqrt{2}\times\sqrt{2}}=\dfrac{\sqrt{6}}{2}$

ステージ16

根号をふくむ式の加減

根号をふくむ式のたし算・ひき算をしよう！

1 次の計算をしましょう。

(1) $\sqrt{3}+\sqrt{3}$

$=(\boxed{1}+\boxed{1})\sqrt{3}=\boxed{2\sqrt{3}}$

(2) $3\sqrt{2}+4\sqrt{2}$

$=(3+4)\sqrt{2}=7\sqrt{2}$

(3) $\sqrt{2}+\sqrt{5}+\sqrt{20}$

$=\sqrt{2}+\sqrt{5}+\boxed{2\sqrt{5}}$

$=\sqrt{2}+(\boxed{1}+\boxed{2})\sqrt{5}$

$=\boxed{\sqrt{2}+3\sqrt{5}}$

(4) $\sqrt{3}+\sqrt{5}+\sqrt{12}$

$=\sqrt{3}+\sqrt{5}+2\sqrt{3}$

$=\sqrt{3}+2\sqrt{3}+\sqrt{5}$

$=3\sqrt{3}+\sqrt{5}$

順序を入れかえます

2 次の計算をしましょう。

(1) $5\sqrt{2}-3\sqrt{2}$

$=(\boxed{5}-\boxed{3})\sqrt{2}=\boxed{2\sqrt{2}}$

(2) $8\sqrt{3}-7\sqrt{3}$

$=(8-7)\sqrt{3}=\sqrt{3}$

(3) $\sqrt{20}-3\sqrt{2}-\sqrt{5}$

$=\boxed{2\sqrt{5}}-3\sqrt{2}-\sqrt{5}$

$=\boxed{2\sqrt{5}}-\sqrt{5}-3\sqrt{2}$

$=(\boxed{2}-\boxed{1})\sqrt{5}-3\sqrt{2}$

$=\boxed{\sqrt{5}-3\sqrt{2}}$

順序を入れかえます

(4) $\sqrt{12}-4\sqrt{3}-3\sqrt{2}$

$=2\sqrt{3}-4\sqrt{3}-3\sqrt{2}$

$=(2-4)\sqrt{3}-3\sqrt{2}$

$=-2\sqrt{3}-3\sqrt{2}$

ステージ17

根号をふくむ式のいろいろな計算①

根号をふくむいろいろな式の計算をしよう！

1 次の計算をしましょう。

(1) $\sqrt{3}(2+\sqrt{2})$

$=\sqrt{3}\times\boxed{2}+\sqrt{3}\times\boxed{\sqrt{2}}$

$=\boxed{2\sqrt{3}+\sqrt{6}}$

(2) $\sqrt{3}(\sqrt{15}-\sqrt{6})$

$=\sqrt{3}\times\sqrt{15}-\sqrt{3}\times\sqrt{6}$

$=\sqrt{3}\times\sqrt{3}\times\sqrt{5}-\sqrt{3}\times\sqrt{3}\times\sqrt{2}$

$=3\sqrt{5}-3\sqrt{2}$

(3) $(\sqrt{3}+2)(3+\sqrt{2})$

$=\boxed{\sqrt{3}\times3}+\boxed{\sqrt{3}\times\sqrt{2}}+\boxed{2\times3}+\boxed{2\times\sqrt{2}}$

$=\boxed{3\sqrt{3}}+\boxed{\sqrt{6}}+\boxed{6}+\boxed{2\sqrt{2}}$

$=\boxed{6+2\sqrt{2}+3\sqrt{3}+\sqrt{6}}$

これ以上簡単にできない！

2 次の計算をしましょう。

(1) $(\sqrt{2}+\sqrt{7})^2$

$=(\boxed{\sqrt{2}})^2+2\times\boxed{\sqrt{2}}\times\boxed{\sqrt{7}}+(\boxed{\sqrt{7}})^2$

$=\boxed{2}+\boxed{2\sqrt{14}}+\boxed{7}$

$=\boxed{9+2\sqrt{14}}$

(2) $(\sqrt{5}+\sqrt{3})(\sqrt{5}-\sqrt{3})$

$=(\boxed{\sqrt{5}})^2-(\boxed{\sqrt{3}})^2=\boxed{5}-\boxed{3}=\boxed{2}$

ステージ18

根号をふくむ式のいろいろな計算②

平方根を使いこなそう！

1 表面積が18cm²の立方体があります。

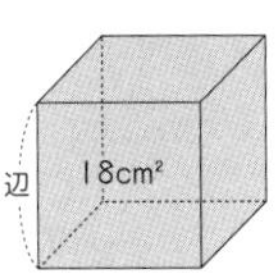

1辺

(1) この立方体の1辺の長さを求めましょう。

立方体の1辺の長さを $a$cm($a>0$)とすると，

1辺の長さが負の数や0になることはないため

1つの面の面積は，$\boxed{a^2}$ cm²となります。

立方体には正方形が6面あるので，

立方体の表面積は，$\boxed{6a^2}$ cm²と表せます。

これが18cm²であるから，

$6a^2=18$　　$a^2=18\div6=3$

$a>0$より，$a=\boxed{\sqrt{3}}$

1辺の長さは $\boxed{\sqrt{3}}$ cmとなります。

(2) この立方体の体積を求めましょう。

立方体の体積は，次のようになります。

$a^3=(\boxed{\sqrt{3}})^3$

$=\sqrt{3}\times\sqrt{3}\times\sqrt{3}$

$=\boxed{3\sqrt{3}}$ (cm³)

確認テスト　2章

1 (1)±3　(2)$\pm\sqrt{13}$

解説 (1)$3^2=9$，$(-3)^2=9$
よって，9の平方根は，±3となる。

2 (1)5　(2)−10

解説 (1)$\sqrt{25}=\sqrt{5^2}=5$
(2)$-\sqrt{100}=-\sqrt{10^2}=-10$

3 (1)$\sqrt{8}>\sqrt{7}$　(2)$9>\sqrt{28}$

解説 (1)8>7より，$\sqrt{8}>\sqrt{7}$となる。
(2)$9^2=81$，$(\sqrt{28})^2=28$で，81>28なので，$9>\sqrt{28}$となる。

4 ウ，オ

解説 ア…$-\dfrac{8}{3}$は分数なので，有理数である。
イ…$\sqrt{36}=6$となり，有理数である。
ウ…$\sqrt{11}$は，無理数である。
エ…$\sqrt{100}=10$となり，有理数である。
オ…円周率πは，無理数である。

5 (1)$2\sqrt{11}$　(2)$2\sqrt{2}$

解説 (1)$\sqrt{22}\times\sqrt{2}=\sqrt{11\times2}\times\sqrt{2}$
$=\sqrt{11}\times\sqrt{2}\times\sqrt{2}=2\sqrt{11}$
(2)$\sqrt{40}\div\sqrt{5}=\sqrt{\dfrac{40}{5}}=\sqrt{8}=2\sqrt{2}$

6 (1)$\dfrac{2\sqrt{3}}{3}$　(2)$2\sqrt{5}$　(3)$\dfrac{4\sqrt{3}}{9}$
(4)$\dfrac{\sqrt{143}}{13}$

解説 (1)$\dfrac{2}{\sqrt{3}}=\dfrac{2\times\sqrt{3}}{\sqrt{3}\times\sqrt{3}}=\dfrac{2\sqrt{3}}{3}$
(2)$\dfrac{10}{\sqrt{5}}=\dfrac{10\times\sqrt{5}}{\sqrt{5}\times\sqrt{5}}=\dfrac{10\sqrt{5}}{5}=2\sqrt{5}$
(3)$\dfrac{4}{3\sqrt{3}}=\dfrac{4\times\sqrt{3}}{3\sqrt{3}\times\sqrt{3}}=\dfrac{4\sqrt{3}}{3\times3}=\dfrac{4\sqrt{3}}{9}$
(4)$\dfrac{\sqrt{11}}{\sqrt{13}}=\dfrac{\sqrt{11}\times\sqrt{13}}{\sqrt{13}\times\sqrt{13}}=\dfrac{\sqrt{143}}{13}$

7 (1)$5\sqrt{2}+2\sqrt{7}$　(2)$3\sqrt{2}-6\sqrt{3}$
(3)$-12-2\sqrt{3}$　(4)$8-2\sqrt{15}$

解説 (1)$\sqrt{8}+\sqrt{28}+\sqrt{18}$
$=2\sqrt{2}+2\sqrt{7}+3\sqrt{2}$
$=(2+3)\sqrt{2}+2\sqrt{7}=5\sqrt{2}+2\sqrt{7}$
(2)$\sqrt{18}-\sqrt{48}-\sqrt{12}$
$=3\sqrt{2}-4\sqrt{3}-2\sqrt{3}$
$=3\sqrt{2}-(4+2)\sqrt{3}=3\sqrt{2}-6\sqrt{3}$
(3)$(\sqrt{3}-5)(\sqrt{3}+3)$
$=\sqrt{3}\times\sqrt{3}+\sqrt{3}\times3-5\times\sqrt{3}-5\times3$
$=3+3\sqrt{3}-5\sqrt{3}-15$
$=3-15+(3-5)\sqrt{3}=-12-2\sqrt{3}$
(4)$(\sqrt{5}-\sqrt{3})^2$
$=(\sqrt{5})^2-2\times\sqrt{5}\times\sqrt{3}+(\sqrt{3})^2$
$=5-2\sqrt{15}+3=8-2\sqrt{15}$

8 1辺の長さ　$\sqrt{5}$cm
体積　$5\sqrt{5}$cm^3

解説 立方体の1辺の長さを$a$cm($a>0$)とすると，1つの面の面積は，a^2cm^{2}となる。
立方体には正方形が6面あるので，立方体の表面積は，$6a^2$cm^{2}と表せる。
これが30cm^{2}であるから，
$6a^2=30$
$a^2=30\div6=5$
$a>0$より，$a=\sqrt{5}$
1辺の長さは$\sqrt{5}$cmとなる。
また，立方体の体積は，
$a^3=(\sqrt{5})^3=\sqrt{5}\times\sqrt{5}\times\sqrt{5}=5\sqrt{5}$(cm^3)
となる。

数魔小太郎からの挑戦状

答え ①2乗　②3　③5
④5　⑤$4<b<9$
⑥5，6，7，8　⑦4

解説 45の素因数分解
3)45
3)15
　5

ステージ 19

2次方程式

2次方程式について理解しよう！

1 次の式の中から2次方程式をすべて選びましょう。

ア $(2x+3)^2=0$　イ $1-x^2=0$　ウ $-x+1=0$　エ $2x-7=x^2$

ア 左辺を展開すると，$4x^2+12x+9=0$ となるので，［2次方程式］です。

イ 左辺の順を入れかえると，$-x^2+1=0$ となるので，［2次方程式］です。

ウ 左辺が1次式，右辺が0なので，［1次方程式］です。

エ 右辺を移項すると，$-x^2+2x-7=0$ となるので，［2次方程式］です。

よって，2次方程式は［ア，イ，エ］です。

2 次の問いに答えましょう。

(1) 2次方程式 $x^2-x-2=0$ の x に順に整数をあてはめて方程式が成り立つ場合を調べましょう。

xの値	−4	−3	−2	−1	0	1	2	3	4
左辺の値	18	10	4	0	−2	−2	0	4	10

この方程式が成り立つのは，$x=$［−1］と［2］のときです。

(2) 2次方程式 $x^2-4=0$ の x に順に整数をあてはめて方程式が成り立つ場合を調べましょう。

xの値	−4	−3	−2	−1	0	1	2	3	4
左辺の値	12	5	0	−3	−4	−3	0	5	12

この方程式が成り立つのは，$x=$［−2］と［2］のときです。

ステージ 20

2次方程式の解き方①

$ax^2+c=0$, $(x+a)^2=c$ の形の解き方を覚えよう！

1 次の2次方程式を解きましょう。

(1) $x^2=16$
$x=$［±4］
（右辺の平方根を求めます）

(2) $2x^2=8$
$x^2=8\div2$
$x^2=4$
$x=\pm2$

(3) $x^2-10=0$
$x^2=$［10］（数の項を移項します）
$x=$［$\pm\sqrt{10}$］（右辺の平方根を求めます）

(4) $2x^2-14=0$
$2x^2=14$
$x^2=14\div2$
$x^2=7$
$x=\pm\sqrt{7}$

2 次の2次方程式を解きましょう。

(1) $(x-1)^2=3$
$x-1=$［$\pm\sqrt{3}$］（右辺の平方根を考えます）
$x=$［$1\pm\sqrt{3}$］（$x=$～の形にして解を求めます）

(2) $(x+3)^2=5$
$x+3=\pm\sqrt{5}$
$x=-3\pm\sqrt{5}$

(3) $(x+3)^2=1$
$x+3=$［±1］（右辺の平方根を考えます）
$x=$［-3 ± 1］（$x=$～の形にして解を求めます）
$x=$［$-3+1$］または［$-3-1$］
$x=$［−2］，［−4］

(4) $(x-5)^2=25$
$x-5=\pm5$
$x=5\pm5$
$x=5+5$ または $5-5$
$x=10$，0

ステージ 21

2次方程式の解き方②

$x^2+px+q=0$ の形の解き方を覚えよう！

1 次の2次方程式を解きましょう。

(1) $x^2-8x+3=0$
$x^2-8x=-3$（数の項を移項します）
$x^2-8x+($［−4］$)^2=-3+($［−4］$)^2$
$(x$［−4］$)^2=$［$-3+16$］
$(x-4)^2=$［13］（右辺の平方根を求めます）
$x-4=$［$\pm\sqrt{13}$］
$x=$［$4\pm\sqrt{13}$］（$x=$～の形にして解を求めます）

(2) $x^2-3x+1=0$
$x^2-3x=-1$
$x^2-3x+\left(-\frac{3}{2}\right)^2=-1+\left(-\frac{3}{2}\right)^2$
$\left(x-\frac{3}{2}\right)^2=$［$-1+\frac{9}{4}$］
$\left(x-\frac{3}{2}\right)^2=$［$\frac{5}{4}$］（右辺の平方根を考えます）
$x-\frac{3}{2}=\pm\sqrt{\frac{5}{4}}$
$x-\frac{3}{2}=$［$\pm\frac{\sqrt{5}}{2}$］
$x=$［$\frac{3}{2}\pm\frac{\sqrt{5}}{2}$］　（$\frac{3\pm\sqrt{5}}{2}$ でも可）

ステージ 22

2次方程式の解き方③

解の公式を使って解いてみよう！

1 次の2次方程式を $ax^2+bx+c=0$ の形に表したとき，a，b，c にあてはまる数を書きましょう。

(1) $x^2+3x-5=0$　$a=$［1］，$b=$［3］，$c=$［−5］

(2) $2x^2=5x-1$
右辺を移項して，$2x^2-5x+1=0$　$a=$［2］，$b=$［−5］，$c=$［1］

2 次の2次方程式を解の公式を使って解きましょう。

(1) $x^2+3x-5=0$　$a=$［1］，$b=$［3］，$c=$［−5］

$$x=\frac{-3\pm\sqrt{3^2-4\times1\times(-5)}}{2\times1}$$

$$=\frac{-3\pm\sqrt{9+20}}{2}=\frac{-3\pm\sqrt{29}}{2}$$

(2) $2x^2=5x-1$
右辺を移項して，$2x^2-5x+1=0$　$a=$［2］，$b=$［−5］，$c=$［1］

$$x=\frac{-(-5)\pm\sqrt{(-5)^2-4\times2\times1}}{2\times2}$$

$$=\frac{5\pm\sqrt{25-8}}{4}=\frac{5\pm\sqrt{17}}{4}$$

ステージ 23

2次方程式の解き方④

因数分解を使って解いてみよう！

1 次の２次方程式を因数分解を使って解きましょう。

(1)
$x^2-2x-8=0$
$(x+\boxed{2})(x\boxed{-4})=0$　（左辺を因数分解）
$x+\boxed{2}=0$ または $x\boxed{-4}=0$　（$AB=0$ ならば $A=0$ または $B=0$）
$x=\boxed{-2},\ \boxed{4}$　（それぞれ解きます）

(2)
$x^2+2x-3=0$
$(x-1)(x+3)=0$
$x-1=0$ または $x+3=0$
$x=1,\ -3$

(3)
$x^2-8x+16=0$
$(x\boxed{-4})^2=0$　（左辺を因数分解）
$x\boxed{-4}=0$　（$A^2=0$ ならば $A=0$）
$x=\boxed{4}$　（解きます）

(4)
$x^2+10x+25=0$
$(x+5)^2=0$
$x+5=0$
$x=-5$

(5)
$x^2-3x=0$
$x(x\boxed{-3})=0$　（左辺を因数分解）
$\boxed{x}=0$ または $\boxed{x-3}=0$　（$AB=0$ ならば $A=0$ または $B=0$）
$x=\boxed{0},\ \boxed{3}$　（それぞれ解きます）

(6)
$x^2+7x=0$
$x(x+7)=0$
$x=0$ または $x+7=0$
$x=0,\ -7$

ステージ 24

いろいろな2次方程式

いろいろな2次方程式を解いてみよう！

1 次の２次方程式を解きましょう。

(1) $x^2+2x-13=0$
左辺は因数分解できません。よって，解の公式を使います。
$a=\boxed{1},\ b=\boxed{2},\ c=\boxed{-13}$

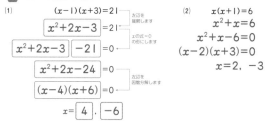

$$x=\frac{\boxed{-2}\pm\sqrt{\boxed{2}^2-4\times\boxed{1}\times(\boxed{-13})}}{2\times\boxed{1}}=\frac{-2\pm\sqrt{\boxed{4+52}}}{2}$$
$$=\frac{-2\pm\sqrt{\boxed{56}}}{2}=\frac{-2\pm\boxed{2\sqrt{14}}}{2}=\boxed{-1\pm\sqrt{14}}$$

(2) $x^2-4x+2=0$
左辺は因数分解できません。よって，解の公式を使います。
$a=1,\ b=-4,\ c=2$

$$x=\frac{-(-4)\pm\sqrt{(-4)^2-4\times1\times2}}{2\times1}=\frac{4\pm\sqrt{16-8}}{2}$$
$$=\frac{4\pm\sqrt{8}}{2}=\frac{4\pm2\sqrt{2}}{2}=2\pm\sqrt{2}$$

2 次の２次方程式を解きましょう。

(1)
$(x-1)(x+3)=21$　（左辺を展開します）
$\boxed{x^2+2x-3}=21$　（xの式$=0$の形にします）
$\boxed{x^2+2x-3}\ \boxed{-21}=0$
$\boxed{x^2+2x-24}=0$　（左辺を因数分解します）
$\boxed{(x-4)(x+6)}=0$
$x=\boxed{4},\ \boxed{-6}$

(2)
$x(x+1)=6$
$x^2+x=6$
$x^2+x-6=0$
$(x-2)(x+3)=0$
$x=2,\ -3$

ステージ 25

2次方程式の利用

2次方程式を使って問題を考えよう！

1 縦 10m，横 15m の長方形の土地があります。この土地に図１のように縦横同じ幅の道を作り，残りを畑にしようと思います。畑の面積を 84m^2 にするには，道の幅を何 m にすればよいですか。

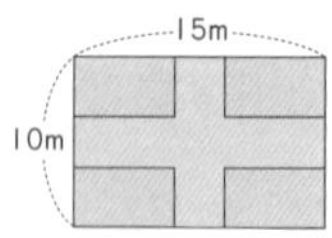

図1

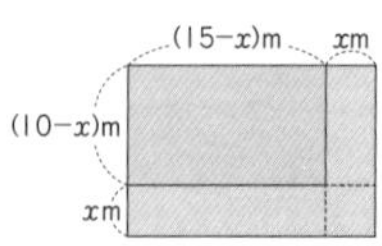

図2

道の幅を xm とします。
道を図２のように右端と下に移動しても畑の面積は変わりません。
畑の面積を x を用いて表すと，$(\boxed{10-x})(\boxed{15-x})=84$ となります。　（左辺を展開します）

$150-10x-15x+x^2=84$　（左辺に84を移項し，並べかえます）
$x^2-25x+150-84=0$
$x^2-25x+66=0$　（左辺を因数分解します）
$(\boxed{x-3})(\boxed{x-22})=0$
$x=\boxed{3},\ \boxed{22}$　（土地の縦の長さが10mなので，22mの道を作ることはできません）

土地の縦の長さより，$0<x<10$ であるから，$x=3$ は適して，$x=22$ は適さない。
（このように解をしぼりこむ条件として示します）

よって，道の幅は $\boxed{3}$ m です。

確認テスト　3章

1 ア，ウ，エ

解説　ア　左辺の順を入れ替えると，$-x^2+8=0$ となるので，2次方程式。
イ　1次方程式。
ウ　展開すると，$x^2-10x+25=0$ となるので，2次方程式。
エ　右辺を移項すると，$-x^2+3x+6=0$ となるので，2次方程式。

2 (1) $x=\pm\sqrt{5}$　(2) $x=-4,\ -10$
(3) $x=3\pm\sqrt{7}$
(4) $x=-\frac{1}{2}\pm\frac{\sqrt{13}}{2}$ $\left(\frac{-1\pm\sqrt{13}}{2}\text{でも可}\right)$

解説　(1) $4x^2-20=0$　$4x^2=20$
$x^2=5$　$x=\pm\sqrt{5}$
(2) $(x+7)^2=9$　$x+7=\pm3$
$x=-7\pm3$　$x=-4,\ -10$
(3) $x^2-6x+2=0$　$x^2-6x+3^2=-2+3^2$
$(x-3)^2=7$　$x=3\pm\sqrt{7}$
(4) $x^2+x-3=0$　$x^2+x=3$
$x^2+x+\left(\frac{1}{2}\right)^2=3+\left(\frac{1}{2}\right)^2$
$\left(x+\frac{1}{2}\right)^2=\frac{13}{4}$　$x+\frac{1}{2}=\pm\frac{\sqrt{13}}{2}$
$x=-\frac{1}{2}\pm\frac{\sqrt{13}}{2}$ $\left(\frac{-1\pm\sqrt{13}}{2}\text{でも可}\right)$

3 (1) $x=-1\pm2\sqrt{2}$　(2) $x=\frac{3\pm\sqrt{29}}{10}$

解説　(1) $a=1,\ b=2,\ c=-7$
$$x=\frac{-2\pm\sqrt{2^2-4\times1\times(-7)}}{2\times1}$$
$$=\frac{-2\pm\sqrt{4+28}}{2}=\frac{-2\pm\sqrt{32}}{2}$$
$$=\frac{-2\pm\sqrt{16\times2}}{2}=\frac{-2\pm4\sqrt{2}}{2}$$
$$=-1\pm2\sqrt{2}$$
(2) 右辺を移項して，$5x^2-3x-1=0$
$a=5,\ b=-3,\ c=-1$
$$x=\frac{-(-3)\pm\sqrt{(-3)^2-4\times5\times(-1)}}{2\times5}$$
$$=\frac{3\pm\sqrt{9+20}}{10}=\frac{3\pm\sqrt{29}}{10}$$

4 (1) $x=1$　(2) $x=0,\ 8$

解説　(1) $(x-1)^2=0$　$x-1=0$　$x=1$
(2) $x(x-8)=0$　$x=0,\ 8$

5 (1) $x=\frac{-3\pm\sqrt{13}}{2}$　(2) $x=0,\ 5$

解説　(1) 左辺は因数分解できないので，解の公式を使う。
$a=1,\ b=3,\ c=-1$
$$x=\frac{-3\pm\sqrt{3^2-4\times1\times(-1)}}{2\times1}$$
$$=\frac{-3\pm\sqrt{9+4}}{2}=\frac{-3\pm\sqrt{13}}{2}$$
(2) $x^2-5x+6=6$　$x^2-5x=0$
$x(x-5)=0$　$x=0,\ 5$

6 2m

解説　道の幅を xm とする。
畑の面積を x を用いて表すと，
$(10-x)(12-x)=80$ となる。
$120-10x-12x+x^2=80$
$x^2-22x+120-80=0$
$x^2-22x+40=0$
$(x-2)(x-20)=0$
$x=2,\ 20$
土地の縦の長さより，$0<x<10$ であるから，
$x=2$ は適して，$x=20$ は適さない。
よって，道の幅は2m。

数魔小太郎からの挑戦状

答え　①1　②4　③−3　④2

解説　次のような解き方もあります。
$x=1,\ 2$ なので，もとの2次方程式は，
$(x-1)(x-2)=0$ と表せます。この左辺を展開すると，$x^2-3x+2=0$ となります。
よって，$a=-3,\ b=2$

ステージ 26

関数 $y=ax^2$

関数 $y=ax^2$ について理解しよう！

1 半径が x cm の半円の面積を y cm² とするとき，次の問いに答えましょう。

(1) x と y の関係を，次の表にまとめましょう。

x	1	2	3	4	5
y	$\frac{\pi}{2}$	2π	$\frac{9\pi}{2}$	8π	$\frac{25\pi}{2}$

(2) x の値が 2 倍，3 倍，4 倍になると，y の値はそれぞれ何倍になりますか。

y の値はそれぞれ 4 倍，9 倍，16 倍となります。

(3) y を x の式で表しましょう。

y は x^2 に π をかけ，2 でわったものなので，$y=\frac{\pi x^2}{2}$ となります。

2 y が x の 2 乗に比例し，$x=2$ のとき $y=12$ となるとき，y を x の式で表しましょう。

$y=ax^2$ とおき，$x=2$，$y=12$ を代入します。

$12=a\times 2^2$ より $12=4a$

これを解いて $a=3$

よって $y=3x^2$ ← $y=ax^2$ に $a=3$ を代入

ステージ 27

関数 $y=ax^2$ のグラフ

関数 $y=ax^2$ のグラフをかいてみよう！

1 次の式が表す関数のグラフをかきましょう。

(1) $y=\frac{1}{2}x^2$

x	−3	−2	−1	0	1	2	3
y	$\frac{9}{2}$	2	$\frac{1}{2}$	0	$\frac{1}{2}$	2	$\frac{9}{2}$

(2) $y=-\frac{1}{2}x^2$

x	−3	−2	−1	0	1	2	3
y	$-\frac{9}{2}$	−2	$-\frac{1}{2}$	0	$-\frac{1}{2}$	−2	$-\frac{9}{2}$

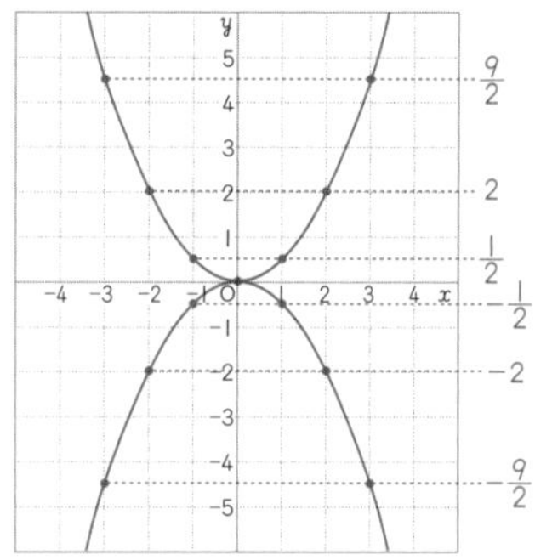

ステージ 28

関数 $y=ax^2$ の値の変化

関数 $y=ax^2$ の値の変化を読み取ろう！

1 関数 $y=x^2$ において，x の変域が $-2\leqq x\leqq 3$ のときの y の変域を求めましょう。

$x=-2$ のときの y の値は 4 ← $(-2)^2$

$x=3$ のときの y の値は 9 ← 3^2

x の変域は 0 を ふくむ。

グラフをかくと，右の図のようになります。

よって，y の変域は $0\leqq y\leqq 9$ です。

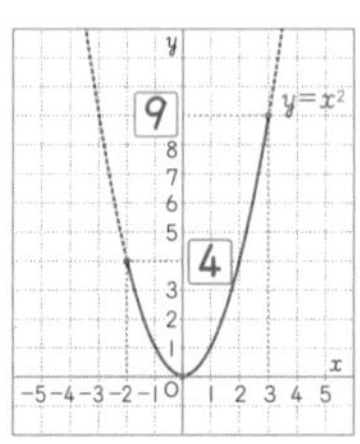

2 関数 $y=x^2$ において，x の値が −3 から −1 まで変化するときの変化の割合を求めましょう。

x の値が −3 のときの y の値は 9 ← $(-3)^2$

x の値が −1 のときの y の値は 1 ← $(-1)^2$

x の増加量

x	…	−3	…	−1	…
y	…	9	…	1	…

y の増加量

よって，変化の割合は $\frac{1-9}{(-1)-(-3)}=\frac{-8}{2}=-4$

ステージ 29

いろいろな関数

いろいろな関数を使って問題を考えよう！

1 時速 x km で走る車の制動距離を y m とすると，$y=0.006x^2$ が成り立ちます。次の問いに答えましょう。

(1) 時速50kmで走る車の制動距離は何mですか。

$y=0.006x^2$ に $x=50$ を代入すると，

$y=0.006\times 50^2=0.006\times 2500=15$　よって，答えは，15 m

(2) 制動距離が 21.6m となるのは，速さが時速何kmのときですか。

$y=0.006x^2$ に $y=21.6$ を代入すると，$21.6=0.006\times x^2$

$x^2=3600$　$x>0$ なので $x=60$　よって，答えは，時速 60 km

2 ある駐車場の料金は，最初の 2 時間使用までは 400円，以降は 1 時間使用ごとに 100円の料金が追加されます。
4 時間 50 分の使用では，料金は何円になりますか。

使用する時間を x 時間，料金を y 円とすると，x，y の関係は，下のようになります。

$0<x\leqq 2$ のとき，$y=400$　$2<x\leqq 3$ のとき，$y=500$

$3<x\leqq 4$ のとき，$y=600$　$4<x\leqq 5$ のとき，$y=700$

グラフから，4 時間 50 分使用した料金は 700 円です。

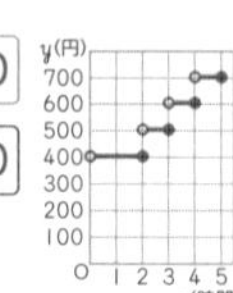

確認テスト　4章

1 (1)$y=\frac{\pi}{4}x^2$　　(2)$y=3x^2$

解説　(1)半径は，$\frac{x}{2}$cmなので，

$$y=\pi\left(\frac{x}{2}\right)^2=\frac{\pi}{4}x^2$$

(2)$y=\frac{1}{2}\times 2x\times 3x=3x^2$

2 $y=x^2$

解説　$y=ax^2$とおき，$x=3$，$y=9$を代入する。
$9=a\times 3^2$から，$9=9a$より，$a=1$
よって，$y=x^2$

3

x	−3	−2	−1	0	1	2	3
y	27	12	3	0	3	12	27

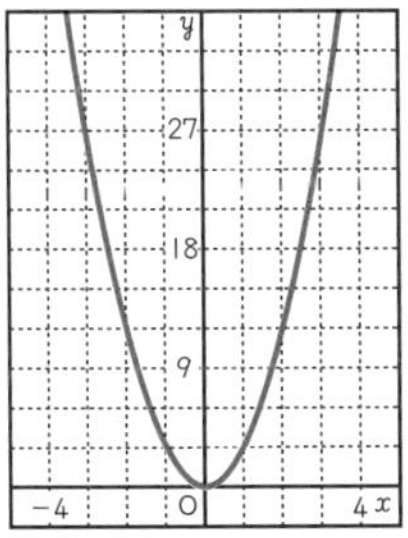

4 (1)$-8\leqq y\leqq 0$　　(2)-3

解説　(1)$x=-2$のときのyの値は-2
$x=4$のときのyの値は-8
xの変域は0をふくむ。

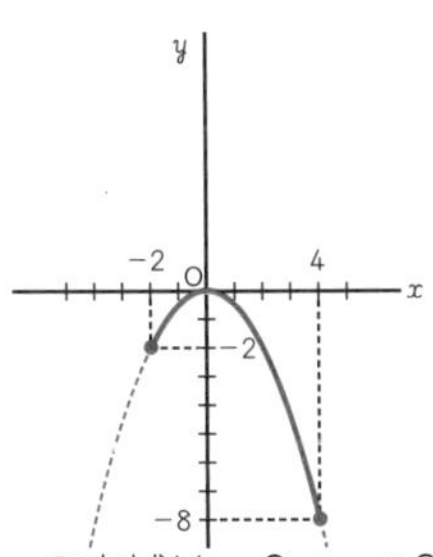

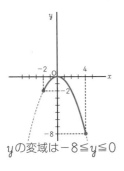

yの変域は$-8\leqq y\leqq 0$

(2)$x=2$のとき$y=-2$
$x=4$のとき$y=-8$

変化の割合は，$\frac{(-8)-(-2)}{4-2}=-3$

5 (1)44.1m　　(2)10秒後

解説　(1)$y=4.9\times 3^2=44.1$　　44.1m
(2)$490=4.9x^2$　$x^2=100$
$x>0$なので$x=10$　　10秒後

数魔小太郎からの挑戦状

答え　①APQ　　②$2x$　　③x　　④x^2
⑤$0\leqq x\leqq 5$

解説　$y=\frac{1}{2}\times 2x\times x=x^2$
増太郎がBに着くまでの時間は，
$10\div 2=5$
よって，$y=x^2$　$(0\leqq x\leqq 5)$

ステージ 30
相似な図形の性質

相似な図形の性質について理解しよう！

1 右の図で ア と イ は相似です。また，ウはイを裏返したもので，アとウも相似になります。このとき △ABC と相似な三角形を相似記号∽を使って表しましょう。

△ABC∽ △DEF

△ABC∽ △GIH

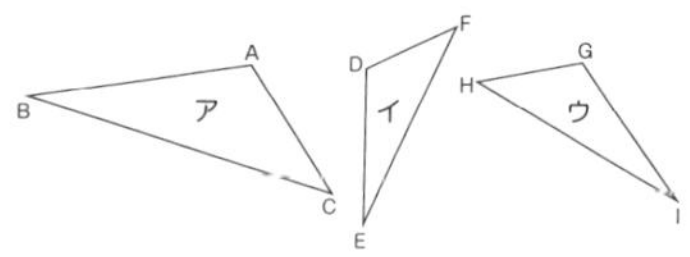

2 右の図で２つの図形がそれぞれ相似であるとき，辺の長さの比と相似比を求めましょう。

(1) △ABC∽△DEF

AB：DE＝ 9 ： 3 ＝ 3 ：1

BC：EF＝ 6 ： 2 ＝ 3 ：1

相似比は 3 ：1

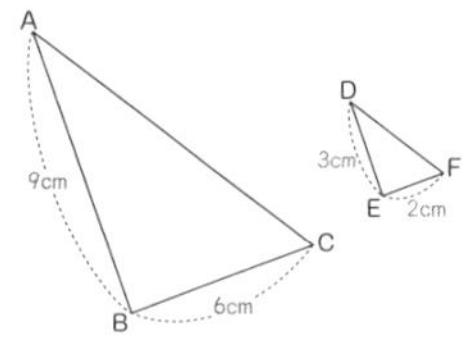

(2) 四角形ABCD∽四角形EFGH

AB：EF＝5：10＝1：2

BC：FG＝4：8＝1：2

相似比は 1：2

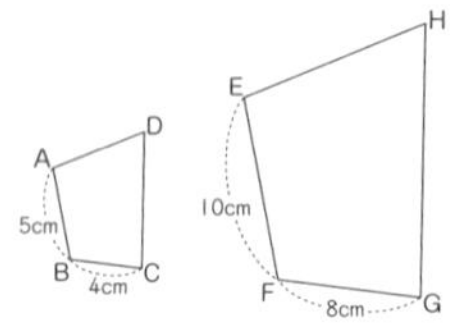

ステージ 31
相似な図形の辺の長さ

相似な図形の辺の長さを求めてみよう！

1 次の図において２つの図形が相似であるとき，xの値を求めましょう。

(1) △ABC∽△DEFなので，対応する辺の比から

AB：DE＝BC：EF

3 ： 9 ＝ x ： 6

3 × 6 ＝ 9 × x

x＝ 18 × $\frac{1}{9}$ ＝ 2

△ABC∽△DEF

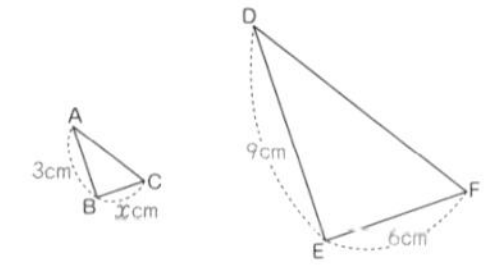

(2) 四角形ABCD∽四角形EFGHなので，対応する辺の比から

AB：EF＝BC：FG

4：6＝x：12

4×12＝6×x

x＝48×$\frac{1}{6}$＝8

四角形ABCD∽四角形EFGH

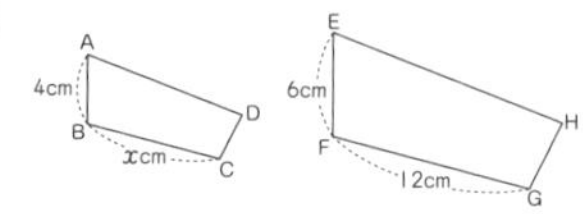

(3) △ABC∽△EFDなので，対応する辺の比から

AB：EF＝BC：FD

9：12＝x：4

9×4＝12×x

x＝36×$\frac{1}{12}$＝3

△ABC∽△EFD

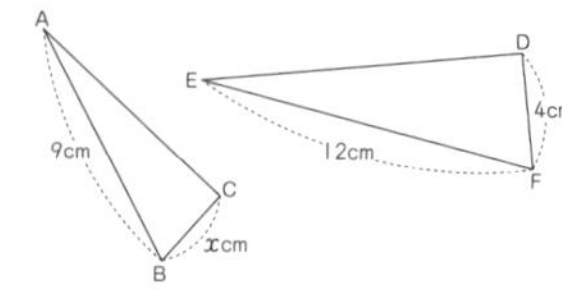

ステージ 32
相似条件

相似条件を使って相似な図形を求めてみよう！

1 次の図の三角形を，相似な三角形の組に分け，記号∽を使って表しましょう。また，そのときに使った相似条件を答えましょう。

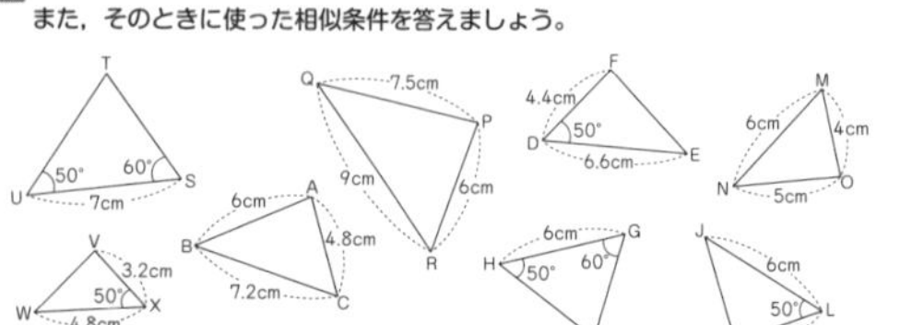

① △ABC∽△ONM∽△PQR

相似条件 3組の辺の比がすべて等しい

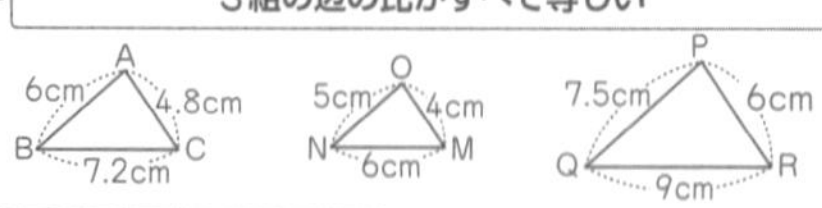

② △DEF∽△LJK∽△XWV

相似条件 2組の辺の比とその間の角がそれぞれ等しい

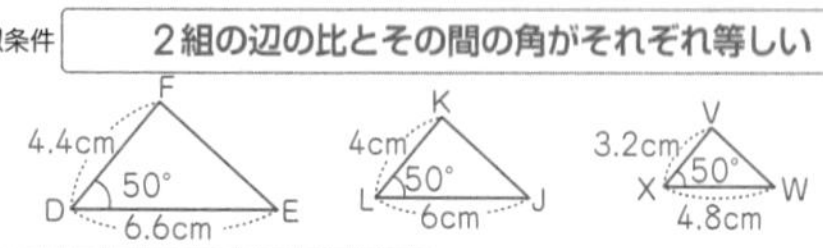

③ △GHI∽△SUT

相似条件 2組の角がそれぞれ等しい

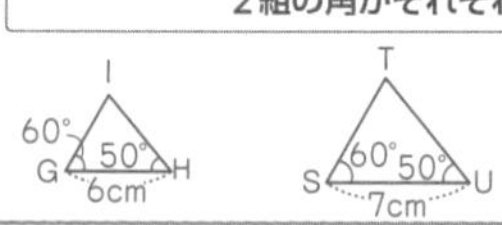

ステージ 33
相似であることの証明

2つの図形が相似であることを証明しよう！

1 次のことを証明しましょう。

(1) 右の図において △ABC∽△DAC

（仮定） ∠BAC＝90°，垂線ADは辺BCと垂直に交わるので ∠ ADC ＝90°

（証明） △ABCと△ DAC において，

仮定より ∠BAC＝∠ ADC ＝90° …①

∠ C は共通である。…②

①，②より，2組の角がそれぞれ等しいので，（相似条件）

（結論） △ABC∽△ DAC が成り立つ。

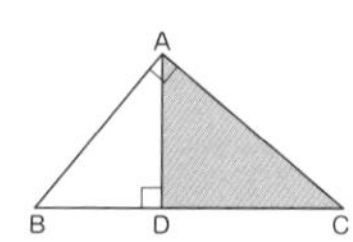

∠A＝90°，
線分ADは点Aから
辺BCにひいた垂線

(2) 右の図において △ABC∽△CBD

（仮定） AB＝AC，CB＝CD

（証明） △ABCと△ CBD において，

AB＝ACなので ∠ABC＝∠ ACB …①

CB＝CDなので ∠CBD＝∠ CDB …②

∠CBD＝∠ABCであるから ①，②より，

∠ACB＝∠ CDB …③　また，∠ B は共通である。…④

③，④から，2組の角がそれぞれ等しいので，（相似条件）

（結論） △ABC∽△ CBD が成り立つ。

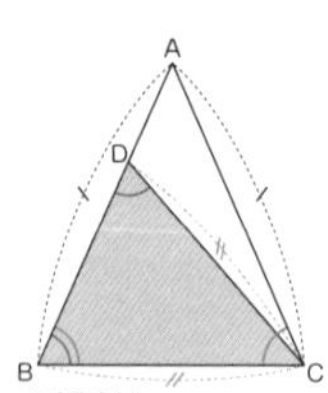

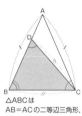

△ABCは
AB＝ACの二等辺三角形，
CB＝CD

ステージ 34　相似の利用

相似を利用して長さを求めよう！

1 右の図で池をはさんだ2地点A，B間の距離を求めます。地点A，Bが見える地点Cに立ち，CA，CBの長さを測るとCA＝120m，CB＝100m，∠ACB＝36°でした。

このとき縮図をかいて，A，B間のおよその距離を求めましょう。

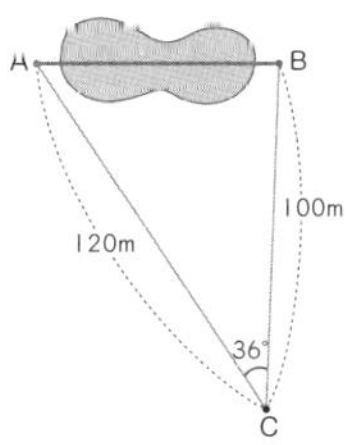

① 縮図をかくために，まず相似比を決めて各線分の長さを計算します。
ここでは相似比を 1000：1 にします。

A′C′＝ 12000 ÷1000＝ 12

B′C′＝ 10000 ÷1000＝ 10

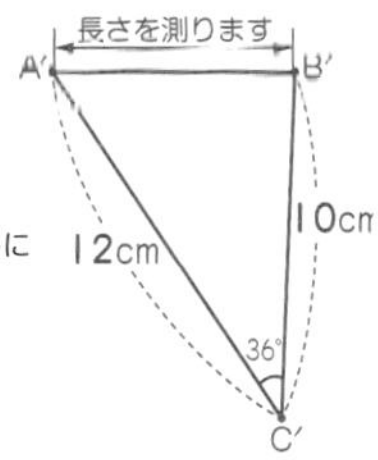

作図　点C′をとり，36°を測り，
A′C′＝ 12 cm，B′C′＝ 10 cmになるように
点A′，B′をとり△A′B′C′を作図します。

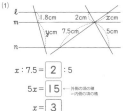

② 作図した縮図からA′B′の長さを測ります。

A′B′＝ 7 cm

AB＝ 7 ×1000＝ 7000 (cm)　　ABはおよそ 70 m

ステージ 35　三角形と比

三角形と比について理解しよう！

1 右の図の△ABCでDE∥BCのとき，x，yの長さを求めましょう。

AD：AB＝DE：BC
6：6(+3)＝x：12

9 x＝ 72 ←内側の項の積＝外側の項の積

x＝ 8　　答え 8 cm

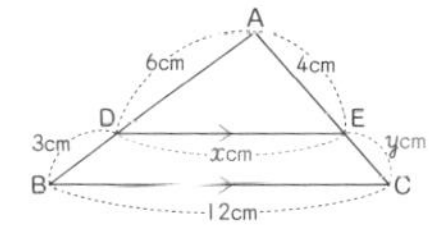

AD：DB＝AE：EC
6：3＝4：y

6 y＝ 12 ←外側の項の積＝内側の項の積

y＝ 2　　答え 2 cm

2 右の図の△ABCの各辺の中点を結んでできた△DEFについてまわりの長さを求めましょう。

D，E，Fは△ABCのそれぞれの辺の中点です。
中点連結定理により

DE＝12÷2＝ 6 ，EF＝8÷2＝ 4 ，

FD＝10÷2＝ 5

6 ＋ 4 ＋ 5 ＝ 15

答え 15 cm

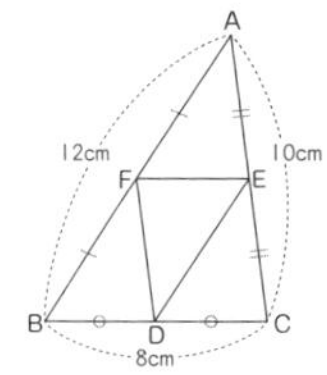

ステージ 36　平行線と比

平行線と比について理解しよう！

1 次の図で直線 ℓ，m，n が平行なとき，x，y の値を求めましょう。

(1)

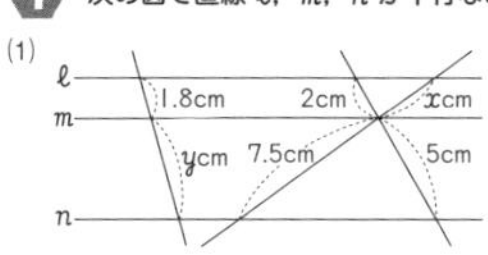

x：7.5＝ 2 ：5

5x＝ 15 ←外側の項の積＝内側の項の積

x＝ 3

y：1.8＝5： 2

2 y＝9 ←外側の項の積＝内側の項の積

y＝ 4.5

(2)

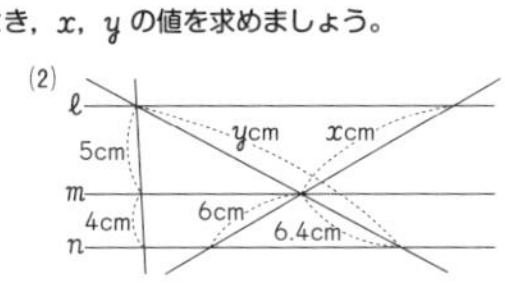

x：6＝5：4
4x＝30
x＝7.5

(y−6.4)：6.4＝5：4
4×(y−6.4)＝32
y−6.4＝$\frac{32}{4}$
y−6.4＝8
y＝14.4

2 次の図の△ABCで線分ADが∠BACの二等分線であるとき，xの値を求めましょう。

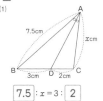

(1)

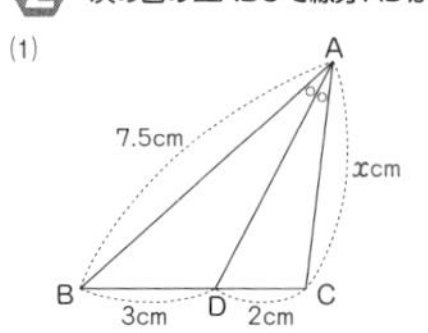

7.5 ：x＝3： 2

3x＝ 15 ←内側の項の積＝外側の項の積

x＝ 5

(2)

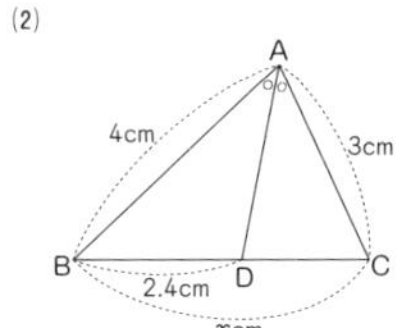

4：3＝2.4：(x−2.4)
4×(x−2.4)＝7.2
x−2.4＝1.8
x＝4.2

ステージ 37　相似な図形の面積と体積

相似な図形と立体を考えよう！

1 △ABC と △A′B′C′ は相似です。次の問いに答えましょう。

(1) 相似比が1：3で，△ABCの面積が10cm²であるとき，
△A′B′C′ の面積を求めましょう。
△A′B′C′の面積をxとおくと

$1^2:3^2$＝ 10 ：x　　x＝ 90 　　答え 90 cm²

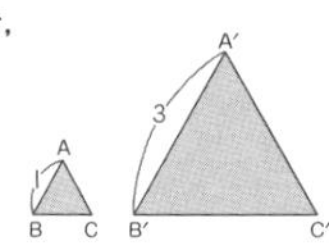

(2) 周の長さが △ABCは24cm，△A′B′C′ は36cm，
△A′B′C′ の面積が27cm² のとき，△ABCの面積を求めましょう。
△ABC と △A′B′C′ は相似なので，相似比は，それぞれの周の長さにより
24：36＝2：3　したがって，△ABCの面積をxとおくと

2^2： 3 ²＝x：27　　9 x＝4×27　　x＝ 12 　　答え 12 cm²

2 相似比が 2：3の相似な2つの立体 P，Qがあります。
Pの表面積が 240cm²，体積が 320cm³ のとき，
Qの表面積と体積をそれぞれ求めましょう。

相似比が2：3なので，表面積の比は$2^2:3^2$＝4：9，
体積比は$2^3:3^3$＝8：27となるので，立体Qの表面積をx，体積をyとおくと

4：9＝ 240 ：x　　4x＝ 2160 　　x＝ 540

Qの表面積 540 cm²

8：27＝ 320 ：y　　8y＝ 8640 　　y＝ 1080

Qの体積 1080 cm³

確認テスト　5章

1 (1)相似な三角形：イとウ
相似条件：2組の角がそれぞれ等しい
(2)相似な三角形：アとウ
相似条件：2組の辺の比とその間の角がそれぞれ等しい

2 △ABCと△AEDにおいて，∠Aは共通…①
AB：AE=8：4=2：1…②
AC：AD=10：5=2：1…③
①～③より，2組の辺の比とその間の角がそれぞれ等しいので，△ABC∽△AED

3 18m

解説 図の線分BCとDEは平行なので，
AB：AD=BC：DEより，ビルの高さをxmとすると
$2:36=1:x$
$2x=36$
$x=18$
よって，ビルの高さは18m

4 (1)$x=6$　(2)$y=1.8$

解説 (1)BE：ED＝AE：ECより
$x:(10-x)=3:2$
$2x=3(10-x)$
$2x=30-3x$
$5x=30$
$x=6$
(2)BD：BE=CD：FEより
$10:x=3:y$
$x=6$より
$10:6=3:y$
$10y=18$
$y=1.8$

5 (1)5km　(2)20cm

解説 (1)実際の距離を$x$cmとすると，
$1:50000=10:x$
$x=500000$(cm)
500000cm=5000m=5km
(2)地図上で，$y$cmとすると，
10km=10000m=1000000cm
$1:50000=y:1000000$
$y=20$(cm)

数魔小太郎からの挑戦状

答え ①AGD　②AEB
③2組の角がそれぞれ等しい

ステージ 38

円周角の定理

円周角の定理について理解しよう！

1 次の図で$\angle x$の大きさを求めましょう。

(1)

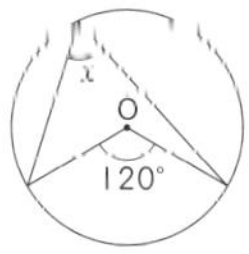

$\angle x=\frac{1}{2}\times$ 120 $^\circ=$ 60 $^\circ$

(2)

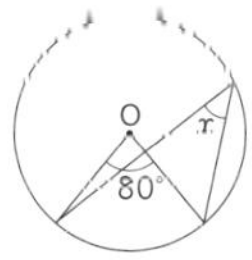

$\angle x=\frac{1}{2}\times 80^\circ=40^\circ$

(3)

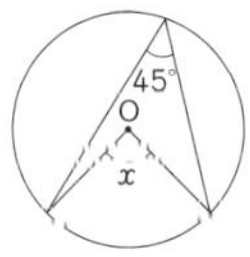

$\angle x=$ 45 $^\circ\times 2=$ 90 $^\circ$

(4)

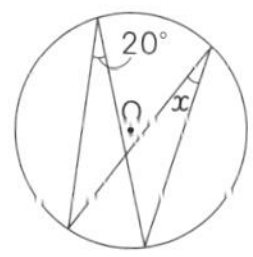

1つの弧に対する円周角の大きさは 一定 だから，$\angle x=$ 20 $^\circ$

2 次の図で$\angle x$の大きさを求めましょう。

(1)

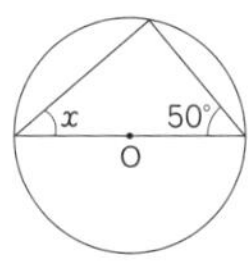

$\angle x+50^\circ+$ 90 $^\circ=180^\circ$

$\angle x=180^\circ-(50^\circ+$ 90 $^\circ)$

$=$ 40 $^\circ$

(2)

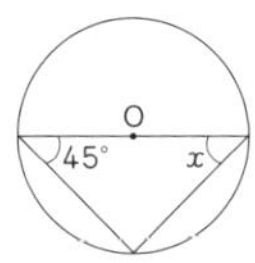

$\angle x+45^\circ+90^\circ=180^\circ$

$\angle x=180^\circ-(45^\circ+90^\circ)$

$=45^\circ$

ステージ 39

円周角と弧

円周角と弧の関係について理解しよう！

1 次の図で$\angle x$の大きさを求めましょう。

(1)

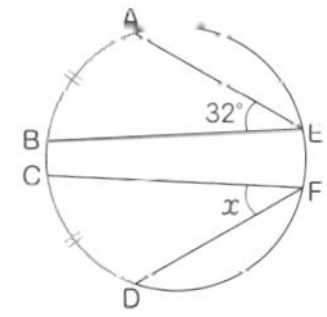

$\overset{\frown}{AB}=$ $\overset{\frown}{CD}$

$\angle x=$ 32 $^\circ$

等しい弧に対する円周角は等しい

(2)

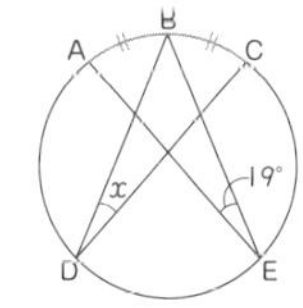

$\overset{\frown}{AB}=\overset{\frown}{BC}$

$\angle x=19^\circ$

等しい弧に対する円周角は等しい

(3)

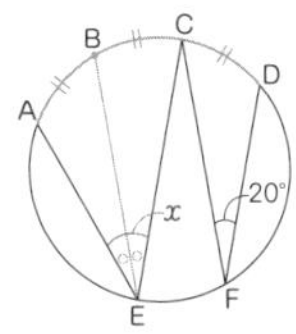

$\overset{\frown}{AB}=$ $\overset{\frown}{BC}$ $=$ $\overset{\frown}{CD}$

$\angle x=20^\circ\times$ 2

$=$ 40 $^\circ$

(4)

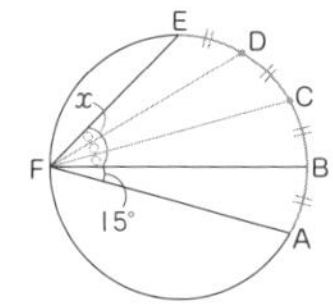

$\overset{\frown}{AB}=\overset{\frown}{BC}=\overset{\frown}{CD}=\overset{\frown}{DE}$

$\angle x=15^\circ\times 3$

$=45^\circ$

ステージ 40

円周角の定理の利用

円周角の定理を活用してみよう！

1 次の図において，4点A，B，C，Dが1つの円周上にあるものをすべて選びましょう。

ア

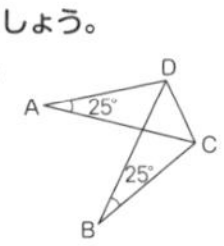

イ

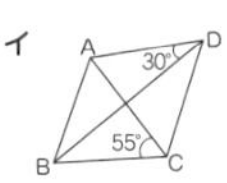

ウ

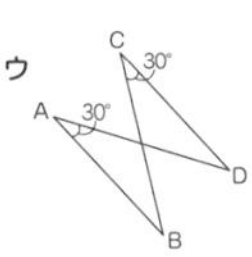

エ

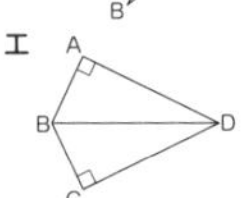

オ

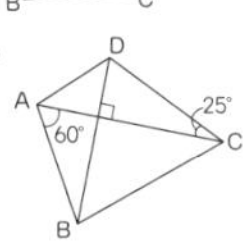

答え ア，ウ，エ

2 次の図において，4点A，B，C，Dが1つの円周上にある場合の$\angle x$を求めましょう。

(1)

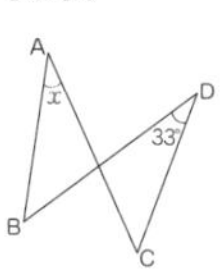

$\angle x=$ 33 $^\circ$

(2)

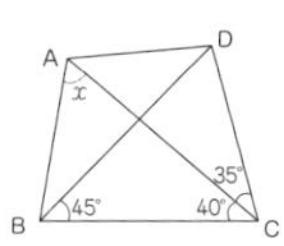

$\angle x=\angle BDC$

$=180^\circ-(40^\circ+35^\circ+45^\circ)$

$=60^\circ$

3 次の円Oに円外の点Aを通る接線AP，AP′をひきましょう。
なお，点O′は線分AOの中点です。

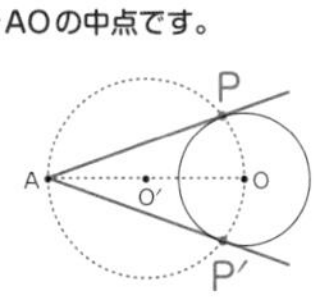

確認テスト 6章

1 (1)110°　(2)50°

解説 (1)$\angle x=\frac{1}{2}\times 220^\circ=110^\circ$

(2)$\angle x+40^\circ+90^\circ=180^\circ$

$\angle x=180^\circ-(40^\circ+90^\circ)=50^\circ$

2 (1)32°　(2)55°　(3)63°　(4)48°

解説 (1)$\overset{\frown}{AB}=\overset{\frown}{CD}$

$\angle x=32^\circ$

(2)$\overset{\frown}{CD}=\overset{\frown}{DE}$

$\angle x=55^\circ$

(3)$\overset{\frown}{AB}=\overset{\frown}{BC}=\overset{\frown}{CD}=\overset{\frown}{DE}$より

$\angle x=21^\circ\times 3=63^\circ$

(4)$\overset{\frown}{AC}=\overset{\frown}{CD}\times 2$より

$\angle x=24^\circ\times 2=48^\circ$

3 ウ

解説 アは$\angle BAC\fallingdotseq\angle BDC$なので4点A，B，C，Dは1つの円周上にない。
イは$\angle BAC=65^\circ$であり，
$\angle BDC<\angle ADC=50^\circ$より，
$\angle BAC\fallingdotseq\angle BDC$なので，
4点A，B，C，Dは1つの円周上にない。
ウは$\angle ADB=\angle ACB$であるから，
4点A，B，C，Dが1つの円周上にある。

4 (1)53°　(2)30°　(3)90°　(4)32°

解説 (1)$\angle x=\angle CAD=53^\circ$

(2)$\angle x=\angle BDC$

$=180^\circ-(50^\circ+40^\circ+60^\circ)$

$=30^\circ$

(3)$\angle ADC=90^\circ$なので，
線分ACは4点を通る円の直径になる。
よって，$\angle x=90^\circ$

(4)$\angle x=\angle ACD$

$=180^\circ-(90^\circ+58^\circ)$

$=32^\circ$

数魔小太郎からの挑戦状

答え ①EBC　②BEC
③2組の角がそれぞれ等しい

ステージ 41 三平方の定理
三平方の定理を使って辺の長さを求めてみよう！

1 三平方の定理を使って，次の直角三角形の x の値を求めましょう。

(1)
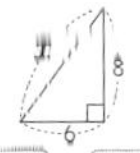

$6^2+8^2=x^2$ ←斜辺の長さは x

$36+64=x^2$

$x^2=100$

$x>0$ なので　$x=10$

(2)
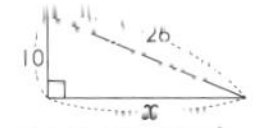

$x^2+10^2=26^2$

$x^2=26^2-10^2$

$=676-100$

$=576$

$=2^6\times3^2$

$x>0$ なので

$x=2^3\times3$　$x=24$

2)576
2)288
2)144
2)72
2)36
2)18
3)9
3)3
1

(3)
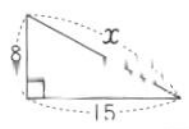

$8^2+15^2=x^2$ ←斜辺の長さは x

$64+225=x^2$

$x^2=289$

$x>0$ なので　$x=17$

(4)
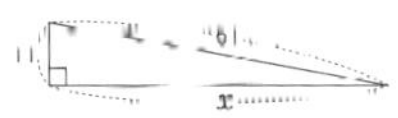

$x^2+11^2=61^2$

$x^2=61^2-11^2$

$=3721-121$

$=3600$

$x>0$ なので　$x=60$

(5)
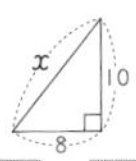

$8^2+10^2=x^2$ ←斜辺の長さは x

$64+100=x^2$

$x^2=164$

$x>0$ なので　$x=\sqrt{164}$

$x=2\sqrt{41}$

(6)
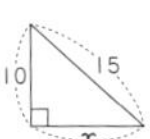

$x^2+10^2=15^2$

$x^2=15^2-10^2$

$=225-100$

$=125$

$x>0$ なので　$x=\sqrt{125}$

$x-5\sqrt{5}$

ステージ 42 直角三角形
直角三角形になるか確認してみよう！

1 三平方の定理の逆を利用して，次の三角形が直角三角形かどうか調べましょう。

(1) $(\sqrt{2})^2+(\sqrt{3})^2$ と，$(\sqrt{5})^2$ が等しいかどうかを調べます。

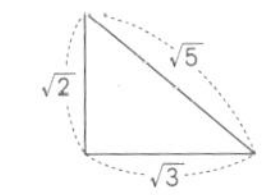

$(\sqrt{2})^2+(\sqrt{3})^2=2+3=5$

$(\sqrt{5})^2=5$

$(\sqrt{2})^2+(\sqrt{3})^2=(\sqrt{5})^2$ となるので，

この三角形は直角三角形 となります 。

(2)
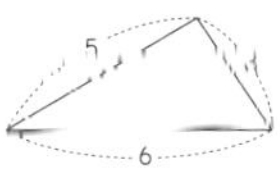

3^2+6^2 と 6^2 が等しいかどうかを調べます。

$3^2+5^2=9+25=34$　$6^2=36$

3^2+5^2 と 6^2 は等しくないので，

この三角形は直角三角形ではありません。

2 次の直角三角形の x の値を求めましょう。

(1) $x:2=1:\sqrt{2}$

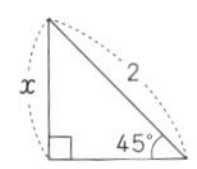

$x=\dfrac{2}{\sqrt{2}}=\dfrac{2\times\sqrt{2}}{\sqrt{2}\times\sqrt{2}}=\dfrac{2\sqrt{2}}{2}=\sqrt{2}$

(2)
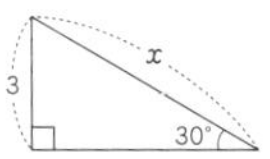

$x:3=2:1$

$x=6$

ステージ 43 三平方の定理の利用
三平方の定理を使ってみよう！

1 次の問いに答えましょう。

(1) 1辺の長さが5の正方形の対角線の長さ x を求めましょう。

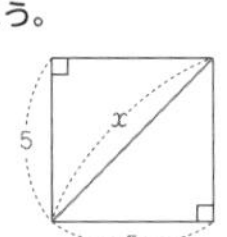

$x^2=5^2+5^2=50$

$x>0$ なので　$x=\sqrt{50}=5\sqrt{2}$

(2) 1辺の長さが $4\sqrt{3}$ の正三角形の高さ x を求めましょう。

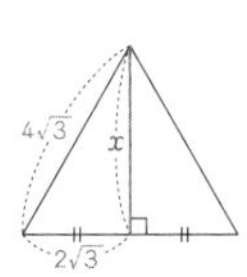

$(2\sqrt{3})^2+x^2=(4\sqrt{3})^2$

$x^2=(4\sqrt{3})^2-(2\sqrt{3})^2$

$=48-12$

$=36$

$x>0$ なので　$x=6$

(3) 2点 A(2，1)，B(6，8) の間の距離を求めましょう。

右の図の直角三角形ABCで

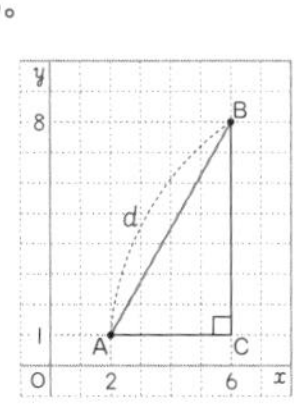

BC＝8　1＝7　AC＝6　2＝4

AB間の距離を d とすると

$d^2=7^2+4^2=49+16=65$

$d>0$ なので　$d=\sqrt{65}$

ステージ 44 立体の長さ
立体のいろいろな長さを求めてみよう！

1 次の問いに答えましょう。

右の立方体の x の値を求めましょう。

まず1辺が5cmの正方形の対角線の長さ $y$cmを直角三角形の比「$1:1:\sqrt{2}$」を使って求めます。

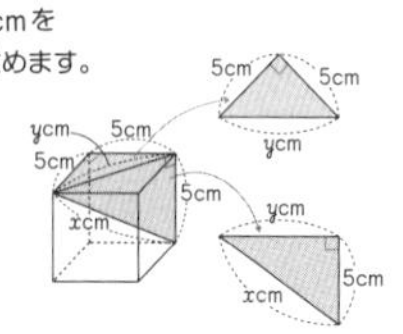

$y:5=\sqrt{2}:1$

$y=5\times\sqrt{2}=5\sqrt{2}$

三平方の定理を使って，x の値を求めます。

$x^2=(5\sqrt{2})^2+5^2$

$x^2=50+25=75$　$x>0$ なので　$x=\sqrt{75}=5\sqrt{3}$

2 次の問いに答えましょう。

(1) 右の正四角錐の高さ $h$cmを求めましょう。

まず底面の対角線の長さを $x$cmとおきます。

直角三角形の比「$1:1:\sqrt{2}$」を使って x の値を求めます。

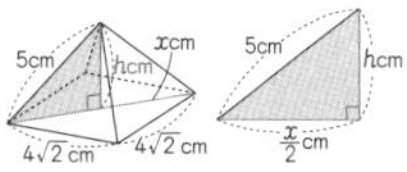

$x:4\sqrt{2}=\sqrt{2}:1$　$x=4\sqrt{2}\times\sqrt{2}=8$　$\dfrac{x}{2}=4$

三平方の定理を使って，h の値を求めます。

$h^2+4^2=5^2$　$h^2=25-16=9$　$h>0$ なので　$h=\sqrt{9}=3$

(2) 右の正四角錐の高さ $h$cmを求めましょう。

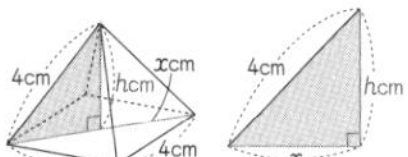

まず底面の対角線の長さを $x$cmとおきます。直角三角形の比「$1:1:\sqrt{2}$」を使って x の値を求めます。

$x:4=\sqrt{2}:1$　$x=4\sqrt{2}$

$\dfrac{x}{2}=2\sqrt{2}$

三平方の定理を使って，h の値を求めます。

$h^2+(2\sqrt{2})^2=4^2$　$h^2=16-8=8$　$h>0$ なので　$h=2\sqrt{2}$

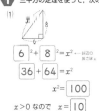

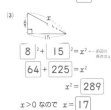

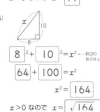

確認テスト 7章

1 (1) $2\sqrt{5}$　(2) $\sqrt{3}$

解説 (1) $4^2+x^2=6^2$

$x^2=6^2-4^2$

$x^2=36-16$

$x^2=20$

$x>0$ より，$x=\sqrt{20}=2\sqrt{5}$

(2) $(\sqrt{5})^2+x^2=(2\sqrt{2})^2$

$x^2=2^2\times(\sqrt{2})^2-(\sqrt{5})^2$

$x^2=8-5$

$x^2=3$

$x>0$ より，$x=\sqrt{3}$

2 (1) $\sqrt{3}$　(2) 8　(3) 2　(4) $\sqrt{3}$

解説 (1)正方形の半分の直角二等辺三角形なので，

$x:\sqrt{6}=1:\sqrt{2}$

$x=\dfrac{\sqrt{6}}{\sqrt{2}}=\sqrt{\dfrac{6}{2}}=\sqrt{3}$

(2)正三角形の半分の直角三角形なので，

$x:4=2:1$

$x=\dfrac{8}{1}=8$

(3)正方形の半分の直角二等辺三角形なので，

$x:\sqrt{2}=\sqrt{2}:1$

$x=\sqrt{2}\times\sqrt{2}=2$

(4)正三角形の半分の直角三角形なので，

$x:3=1:\sqrt{3}$

$x=\dfrac{3}{\sqrt{3}}=\dfrac{3\sqrt{3}}{3}=\sqrt{3}$

3 (1) $3\sqrt{3}$ cm　(2) $\sqrt{34}$

解説 (1) $3^2+x^2=6^2$

$x^2=6^2-3^2$

$x^2=36-9=27$

$x>0$ より，$x=\sqrt{27}=3\sqrt{3}$

(2)図の直角三角形ABCで，

AC=7−2=5

BC=4−1=3

AB間の距離をdとすると，

$d^2=5^2+3^2=25+9=34$

$d>0$ より，$d=\sqrt{34}$

4 $6\sqrt{3}$

解説 まず1辺が6cmの正方形の対角線の長さ$y$cmを直角二等辺三角形の比「$1:1:\sqrt{2}$」を使って求める。

$y:6=\sqrt{2}:1$

$y=6\times\sqrt{2}$

$y=6\sqrt{2}$

三平方の定理を使って，xの値を求める。

$x^2=(6\sqrt{2})^2+6^2$

$x^2=72+36=108$

$x>0$ より

$x=\sqrt{108}=6\sqrt{3}$

5 $2\sqrt{2}$ cm

解説 まず底面の対角線の長さを$x$cmとおく。直角二等辺三角形の比「$1:1:\sqrt{2}$」を使ってxの値を求める。

$x:4=\sqrt{2}:1$

$x=4\sqrt{2}$

赤い三角形の底辺$=\dfrac{x}{2}=2\sqrt{2}$

これより三平方の定理を使ってhの値を求める。

$h^2+(2\sqrt{2})^2=4^2$

$h^2=16-8=8$

$h>0$ より　$h=2\sqrt{2}$

数魔小太郎からの挑戦状

答え ①DC　② b

③ a^2+b^2

解説 (求めてみよう！の答え)

$\sqrt{4^2+5^2+3^2}=\sqrt{50}=5\sqrt{2}$ (cm)

ステージ 45

標本調査

標本調査について理解しよう！

1 次のことがらを調査する場合，全数調査と標本調査のどちらが適しているか考えましょう。

ア 学校で行う体力テスト **全数調査**

イ ある番組の視聴率（しちょうりつ） **標本調査**

ウ クッキー1個当たりに含まれる栄養分の検査 **標本調査**

エ ある砂浜の砂に混ざる貝殻（かいがら）の割合 **標本調査**

2 次の調査での母集団と標本の大きさを答えましょう。

(1) ある中学校の生徒が勉強にかける時間を調べるために，各学年から10人ずつ，合計30人を選んで，回答を得ました。

母集団： **ある中学校の生徒全員**　標本の大きさ： **30** 人

(2) ある工場で作られたタイヤの寿命（じゅみょう）を調査をするために，無作為に50本抽出しました。

母集団： **工場で作られたタイヤすべて**　標本の大きさ： **50** 本

(3) ある畑のトマトの出来を調べるために，畑の15か所から20個ずつ収穫しました。

母集団： **ある畑のトマトすべて**　標本の大きさ： **300** 個

ステージ 46

標本調査の利用

標本調査を利用して計算してみよう！

1 ある工場で作られた製品1000個を調[illegible]，[illegible]個が不良品でした。[illegible]工場では，毎日45000個の製品を作っています。1日分の製品には，何個の不良品がふくまれると考えられますか。

全体数 **45000** 個には標本と同じ割合で不良品がふくまれると考えられます。 **1000** 個のうち **2** 個が不良品であったことから，

$45000 \times \frac{2}{1000} = 90$　よって，不良品の数はおよそ **90** 個となる。

2 ある湖にいる魚の数を知るために，わなで魚を捕獲（ほかく）しました。捕獲した魚は288匹でした。これらの魚すべてに印をつけて，湖に返しました。10日後，同じ方法で魚を捕獲したところ，562匹の中に印をつけた魚が18匹いました。この湖には何匹の魚がいると考えられますか。

母集団には標本と同じ割合で印がついていると考えられます。

2回目に捕獲した **562** 匹のうち **18** 匹に印があったことから，

湖にいる魚の数を x 匹とすると，$\frac{288}{x} = \frac{18}{562}$

$x = 288 \times \frac{562}{18} = 8992$　よって，魚の数はおよそ **8992** 匹となる。

確認テスト 8章

1 (1)全数調査　(2)標本調査
(3)標本調査　(4)標本調査

2 (1)母集団：1日に製造・袋詰めされるポテトチップス
標本の大きさ：1000袋
(2)母集団：ぶどう畑のぶどう
標本の大きさ：50房

3 (1)およそ30個　(2)およそ123匹

解説 (1)1日に仕入れるお菓子の全体数には標本と同じ割合であたりがふくまれていると考えられる。
1日に1個ずつ購入した合計は10個で，10個のうち2個があたりであったことから，1日に仕入れるお菓子の中にふくまれていると考えられるあたりの個数をx個とすると

$$x=150\times\frac{2}{10}=30$$

(2)母集団には標本と同じ割合で印がついていると考える。
2回目に捕獲した57匹のうち19匹に印があったことから，
池にいるコイの数をx匹とすると，

$$\frac{41}{x}=\frac{19}{57}$$

$$x=41\times\frac{57}{19}=123$$

数魔小太郎からの挑戦状

答え ①60　②100　③40
④3　⑤2　⑥180
⑦120

解説 5回の作業で取り出した玉の合計数を標本の大きさと考える。白玉の合計数から，白玉と青玉の比は60：40=3：2
箱の中の300個の玉がすべてこの割合になっているとする。
以下の計算は，次のようにすることもできる。

白玉$300\times\frac{3}{3+2}=180$(個)

青玉$300\times\frac{2}{3+2}=120$(個)

②